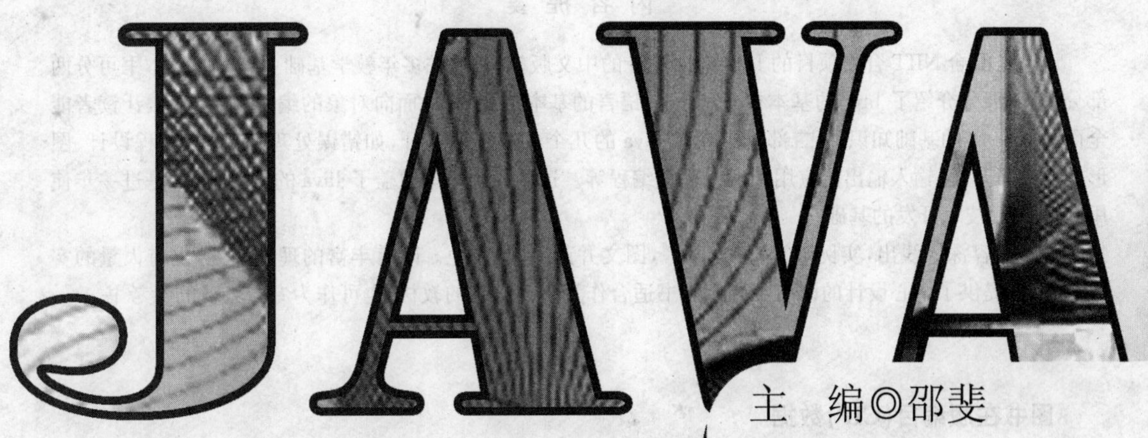

程序设计

主　编◎邵斐
副主编◎董军　刘晶

東南大學出版社
SOUTHEAST UNIVERSITY PRESS

内 容 提 要

本书是配合 NIIT 合作项目的 Java 程序设计的中文版教材，是在多年教学基础上编写的。本书可分两部分：第一部分介绍了 Java 的基本概念和 Java 语言的基本特点，并从面向对象的编程方法入手，让读者能全面掌握 Java 的基础知识；第二部分围绕着 Java 的几个主要专题展开，如错误处理机制、多线程设计、图形用户界面开发、输入输出流应用和网络环境编程等。这些内容基本覆盖了 Java 的实用技术，是进一步使用 Java 进行技术开发的基础。

本书内容深入浅出，实例丰富，覆盖面广，图文并茂，独具特色。既有丰富的理论知识，也有大量的实战范例，更提供了精心设计的课后习题。本书适合作为高等学校的教材，也可作为专业人员的参考书。

图书在版编目(CIP)数据

JAVA 程序设计/邵斐主编. --南京：东南大学出版社，2010.4

ISBN 978-7-5641-2136-5

Ⅰ.①J… Ⅱ.①邵… Ⅲ.①JAVA 语言—程序设计—教材 Ⅳ.①TP312

中国版本图书馆 CIP 数据核字(2010)第 046651 号

JAVA 程序设计

出版发行　东南大学出版社(南京市四牌楼 2 号　邮编 210096)
电　　话　(025) 83793191(发行)；57711295(传真)
出 版 人　江　汉
责任编辑　马子康
经　　销　全国新华书店
印　　刷　南京玉河印刷厂
版　　次　2010 年 4 月第 1 版　2010 年 4 月第 1 次印刷
开　　本　787mm×1092mm　1/16
印　　张　14.5
字　　数　344 千字
印　　数　1—2 000 册
书　　号　ISBN 978-7-5641-2136-5
定　　价　28.00 元

前　言

自20世纪90年代以来，Java已经逐渐发展成熟。其平台无关性、面向对象、联网功能和图形用户界面(GUI)以及线程支持使得Java成为许多应用程序理想的开发工具。本书将帮助您了解这些内容以及有关Java的其他重要方面，以便您可以充分地利用其功能。

跨平台、良好的移植性、嵌入式的语言等等这些特点一直伴随着Java的发展。随着用户需求的多样性和软件市场的繁荣，Java与不同平台API函数的结合逐渐细分成了三大技术点：面向客户端主要用于桌面应用软件编程的Java标准版本(Java2 Standard Edition)，简称J2SE，它包含那些构成Java语言核心的类，比如：数据库连接、接口定义、输入/输出、网络编程等，它是学习所有Java技术的基础，从JDK 5.0，不再叫J2SE了，改名为Java SE了，因为那个2已经失去了其应该有的意义；第二个是面向分布式网络程序开发的Java企业版本(Java2 Enterprise Edition)，简称J2EE，它是Java企业开发的技术规范，不仅仅是比标准版多了一些类，它还包括了许多组件，如JSP、Servlet、JavaBean、EJB、JDBC、JavaMail等；第三个是面向嵌入式系统开发的Java微缩版本(Java2 Micro Edition)，简称J2ME，它包含了J2SE的核心类，又新添加了一些专有类应用场合，如CLDC等方面的特性，API的覆盖范围针对手机和PDA等移动的微小的嵌入式设备。本书的重点是Java SE。

Java结合了面向对象设计(OOD)和面向对象编程(OOP)的概念和技术，因此，从本书中您能够同时了解Java语言和OOP技术。OOP是一种最有影响的现代编程规范；全面了解OOP是编程人员的当务之急。Java为OOP提供了良好的支持。本书的第2章、第3章通过具有面向对象结构的实例详细演示了所包含的主题，目的是以一种简明且实际的方式提供对Java和OOP全面而详细的介绍。

用Fortran、C或C++这类语言编写的程序执行单一控制流程，这些都是单线程程序。Java允许多个线程同时存在于一个程序中，而且允许独立地执行这些线程。多线程可以将任务组织起来，在一个程序中并发或并行执行。为了实现功能强大的并行性，需要克服众多与管理和协调同时发生的多项活动相关的难题。本书的第5章有较为详细的说明。

Java还具有对图形用户界面和事件驱动编程的良好支持。添加面向交互作用的窗口—鼠标的图形界面即可轻松地使用应用程序。Java基础类(JFC)可提供构件(窗口对象)、事件处理、图形绘制、图像显示和可动态选择的外观。本书的第6章重点讲解Java图形界面编程。

此外本书的第4章对Java的异常处理机制做了分析，第7章、第8章、第9章分别介绍了Java的输入输出特性、网络编程原理以及JDBC技术。

本书由金陵科技学院信息技术学院的张燕院长牵头，邵斐主编，陈圣国、刘晶、董军参加编著。东大出版社马子康等老师对本书的出版给予了充分重视和周到的安排，使本书能顺利出版。对所有鼓励、支持和帮助过我们的领导、组织、朋友，在此表示真挚的感谢。

由于作者水平有限，本书中难免有疏漏和不妥之处，竭诚欢迎读者多提宝贵意见。

编者

2010年3月

目　录

第1章 Java简介

1.1 Java的历史与语言结构

1.1.1 Java的发展简史

Java的历史要追溯到1991年，由Patrick Naughton及其伙伴James Gosling带领的Sun公司的工程师小组想要设计一种小型的计算机语言，主要用于像有线电视转换盒这类的消费设备。由于这些消费设备的处理能力和内存都很有限，所以该语言必须非常小且能够生成非常紧凑的代码；另外，由于不同的厂商会选择不同的中央处理器（CPU），因此这种语言的关键是不能与任何特定的体系结构捆绑在一起。这个项目被命名为"Green"。

代码短小、紧凑且与平台无关，这些要求促使开发团队联想起很早以前的一种模型，某些Pascal的实现曾经在早期的PC上尝试过这种模型，这是以Pascal的发明者Niklaus Wirth为先驱，率先设计出的一种为假想的机器生成中间代码的可移植语言（假想的机器亦称虚拟机——Java虚拟机，JVM的命名由此而来）。这种中间代码可以应用于所有已经正确安装解释器的机器上，因此Green项目工程师也使用了虚拟机，从而解决了课题中的主要问题。

不过，Sun公司的人都有UNIX的应用背景，因此，所开发的语言以C++为基础，而不是Pascal；特别是这种语言是面向对象的，而不是面向过程的。就像Gosling在专访中谈到的："毕竟，语言只是实现目标的工具，而不是目标本身。"Gosling把这种语言称为"Oak"，Sun公司的人后来发现Oak是一种已有的计算机语言的名字，于是将其改名为Java，事实证明这是一个极好的选择。

当这一切在Sun公司中进行的时候，Internet的万维网也日渐发展壮大，Web的关键是把超文本页面转换到屏幕上的浏览器。1994年大多数人都在使用Mosaic，这是一个1993年出自伊利诺大学超级计算中心的非商业化的Web浏览器。它实际是由Patrick Naughton和Jonathan Payne开发的，并演变为HotJava浏览器。为了展现Java语言超强的能力，HotJava浏览器采用Java编写；当然设计者也非常清楚Applet的威力，因此他们让HotJava浏览器具有执行网页中内嵌代码的能力。这一"技术印证"在1995年5月23日的SunWorld上得到展示，同时引发了人们延续至今的对Java的狂热追逐。

1996年初，Sun发布了Java的第1个版本，但人们很快地意识到Java 1.0不能用来进行真正的应用开发。的确，可以使用Java 1.0来实现在画布上随机跳动的nervous文本，但它却没有提供打印功能。坦率地说，Java 1.0的确没有为其黄金时期的到来做好准备。后来的Java 1.1弥补了其中的大部分明显的缺陷，大大改进了反射能力，并为GUI编程增加

了新的事件处理模型,尽管它仍然具有很大的局限性。

1998 年 JavaOne 会议的头号新闻是即将发布 Java 1.2 版。这个版本取代了早期玩具式的 GUI,并且它的图形工具箱更加精细并具有可伸缩性,更加接近"一次编写,随处运行"的承诺。在 1998 年 12 月 Java 1.2 发布三天之后,Sun 公司市场部将其名称改为更加吸引人的"Java 2 标准版软件开发工具箱 1.2 版"。

除了"标准版"之外,Sun 还推出了两个其他的版本:一个是用于手机等嵌入式设备的"微型版";另一个是用于服务器端处理的"企业版"。本书主要讲述标准版。

标准版的 1.3 和 1.4 版本对最初的 Java 2 版本做出了某些改进,扩展了标准类库,提高了系统性能,还修正了一些 bug。在此期间,Java applet 采用低调姿态,并淡化了客户端的应用,使其成为服务器端应用的首选平台。

5.0 版是自 1.1 版以来第一个对 Java 语言做出重大改进的版本(这一版本原来被命名为 1.5 版,在 2004 年的 JavaOne 会议之后,版本数字升至 5.0)。经历多年的研究,这个版本添加了泛型类型(generic type)(类似于 C++的模板),其挑战在于添加这一特性并没有对虚拟机做出任何修改。另外,还有几个来源于 C#的很有用的语言特性:for each 循环、自动打包和元数据。语言的修改总会引起兼容性的问题,然而,这几个如此诱人的新语言特性,使程序设计人员更加易于接受。

版本 6(没有后缀.0)于 2006 年末发布。这个版本没有对语言方面再进行改进,但是,改进了其他性能,并增强了类库。

Java 发展到今天已从编程语言成为全球第一大通用开发平台,Java 技术已被计算机行业主要公司所采纳。1999 年,Sun 公司推出了以 Java 2 平台为核心的 J2EE、J2SE 和 J2ME 三大平台。随着三大平台的迅速推进,全球形成了一股巨大的 Java 应用浪潮。

1) Java 2 Platform, Micro Edition(J2ME)

Java 2 平台微型版。Sun 公司将 J2ME 定义为"一种以广泛的消费性产品为目标、高度优化的 Java 运行环境"。自 1999 年 6 月在 JavaOne Developer Conference 上声明之后,J2ME 进入了小型设备开发的行列。通过 Java 的特性,遵循 J2ME 规范开发的 Java 程序可以运行在各种不同的小型设备上。

2) Java 2 Platform, Standard Edition(J2SE)

Java 2 平台标准版,适用于桌面系统应用程序的开发。本书例程就是利用 J2SE 来开发的。

3) Java 2 Platform, Enterprise Edition(J2EE)

J2EE 是一种利用 Java 2 平台来简化企业解决方案的开发、部署和管理等相关复杂问题的体系结构。J2EE 技术的核心就是 Java 平台或 Java 2 平台的标准版,J2EE 不仅巩固了标准版的许多优点,例如"一次编写、随处运行"的特性,方便存取数据库的 JDBC API、CORBA 技术,能够在 Internet 应用中保护数据的安全模式等,同时还提供了对 EJB(Enterprise Java Beans)、Java Servlets API、JSP(Java Server Pages)以及 XML 技术的全面支持。

1.1.2 Java 语言的特点

Java 是一种面向对象、分布式、解释、健壮、安全、可移植、性能优异以及多线程的语言,下面简单介绍其中的几个优点。

1) Write Once, Run Anywhere

"一次编写,随处运行",这是程序设计师们喜爱 Java 的原因之一,核心就是 JVM(Java 虚拟机)技术。编写好一个 Java 程序,首先要通过一段翻译程序编译成一种叫做字节码的中间代码;然后经 Java 平台的解释器,翻译成机器语言来执行,平台的核心叫做 JVM。Java 的编译过程与其他语言不同。例如,C++的编译与机器的硬件平台信息密不可分,编译程序通过查表将所有指令操作数和操作码等,转换成内存的偏移量,即程序运行时的内存分配方式,以保证程序运行。而 Java 却将指令转换成为一种扩展名为 class 的文件,这种文件不包含硬件的信息。只要安装了 JVM,创立内存布局后,就可通过查表确定一条指令所在的地址,这就保证了 Java 的可移植性和安全性。

上述 Java 程序的编译和运行流程,如图 1.1所示。

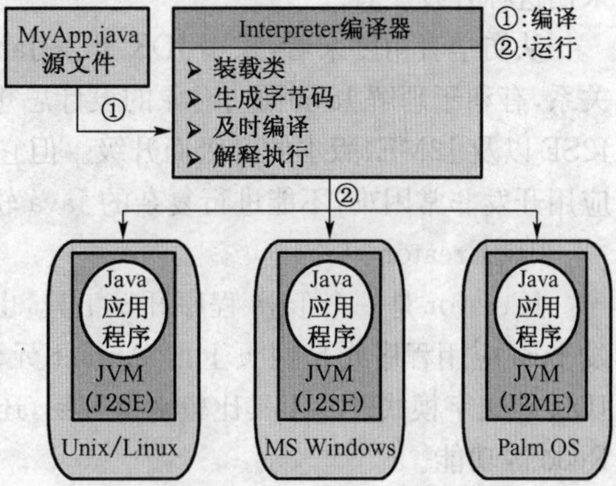

MyApp.java 源文件
Interpreter编译器
➤ 装载类
➤ 生成字节码
➤ 及时编译
➤ 解释执行
①:编译
②:运行
Java 应用程序 JVM (J2SE) Unix/Linux
Java 应用程序 JVM (J2SE) MS Windows
Java 应用程序 JVM (J2ME) Palm OS

图 1.1 Java 的编译和运行流程

2) 简单

纯粹的面向对象,加上数量巨大的类所提供的方法(函数)库的支持,使得利用 Java 开发各种应用程序可以说是易如反掌。此外,因其面向对象的特性,使得在程序除错、修改、升级和增加新功能等方面的维护变得非常容易。

3) 网络功能

Java 可以说是借助因特网而重获新生的,自然可以编写网络功能的程序。不论是一般因特网/局域网的程序,如 Socket、Email、基于 Web 服务器的 Servlet、JSP 程序,还是分布式网络程序,如 CORBA、RMI 等的支持都是非常丰富的,使用起来很方便。

4) 资源回收处理

Garbage Collection 是由 JVM 对内存实行动态管理的。程序需要多少内存;哪些程序的内存已经不使用了,需要释放归还给系统,这些烦琐且危险的操作全部交由 JVM 去管理,让我们能够更专心地编写程序,而不需要担心内存的问题。内存的统一管理,对于跨平台也有相当大的帮助。

5) 异常处理

为了使 Java 程序更稳定、更安全,Java 引入了异常处理机制,能够在程序中产生异常情况的地方执行相对应的处理,不至于因突发或意外的错误造成执行中断或是死机。通过这种异常处理,不仅使得人们能够清晰地掌握整个程序执行的流程,也使得程序的设计更为严谨。

1.2 Java 的安装

1.2.1 Java 语言的开发工具

1) JDK(Java Development Kit)

SUN 的 Java 不仅提供了一个丰富的语言和运行环境,而且还提供了一个免费的 Java

开发工具集(JDK),开发人员和最终用户可以利用这个工具来开发 Java 程序。

JDK 简单易学,可以通过任何文本编辑器(如 Windows 记事本、UltrEdit、Editplus、FrontPage 以及 DreamWeaver 等)编写 Java 源文件,然后在 DOS 状况下通过 javac 命令将 Java 源程序编译成字节码,通过 Java 命令来执行编译后的 Java 文件。Java 初学者一般都采用这种开发工具。

从初学者角度来看,采用 JDK 开发 Java 程序能够很快理解程序中各部分代码之间的关系,有利于理解 Java 面向对象的设计思想。JDK 的另一个显著特点是随着 Java (J2EE、J2SE 以及 J2ME)版本的升级而升级。但它的缺点也是非常明显的:从事大规模企业级Java 应用开发非常困难,不能进行复杂的 Java 软件开发,也不利于团体协同开发。

2) JCreator

JCreator 是一个 Java 程序开发工具,也是一个 Java 集成开发环境(IDE)。无论是要开发 Java 应用程序或是网页上的 Applet 元件都难不倒它;在功能上与 Sun 公司所公布的 JDK 等文字模式开发工具比较来得容易,还允许使用者自定义操作窗口界面及无限 Undo/Redo 等功能。

JCreator 为用户提供了相当强大的功能,例如项目管理功能,项目模板功能,个性化设置语法高亮属性、行数、类浏览器、标签文档、多功能编译器功能,向导功能以及完全可自定义的用户界面。通过 JCreator,不用激活主文档就可直接编译或运行 Java 程序。

JCreator 能自动找到包含主函数的文件或包含 Applet 的 Html 文件,然后它会运行适当的工具。在 JCreator 中,可以通过一个批处理同时编译多个项目。JCreator 的设计接近 Windows 界面风格,使用户对它的界面比较熟悉。它最大特点是与我们机器中所装的 JDK 完美结合,这是其他任何一款 IDE 所不能比拟的,是一种初学者很容易上手的 Java 开发工具;其缺点是只能进行简单的程序开发,不能进行企业 J2EE 的开发应用。

3) Borland 的 JBuilder

JBuilde 可满足很多方面的应用,尤其是对于服务器方以及 EJB 开发者们。下面简单介绍一下 JBuilder 的特点:

(1) JBuilder 支持最新的 Java 技术,包括 Applets、JSP/Servlets、JavaBean 以及 EJB (Enterprise JavaBeans)的应用。

(2) JBuilder 可以自动生成基于后端数据库表的 EJB Java 类,同时简化了 EJB 的自动部署功能。此外它还支持 CORBA,相应的向导程序有助于用户全面地管理 IDL(Interface Definition Language,分布应用程序所必须的接口定义语言)和控制远程对象。

(3) JBuilder 支持各种应用服务器。Jbuilder 与 Inprise Application Server 紧密集成,同时支持 WebLogic Server、EJB 1.1 和 EJB 2.0,可以快速开发 J2EE 的电子商务应用。

(4) JBuilder 能用 Servlet 和 JSP 开发和调试动态 Web 应用。

(5) 利用 JBuilder 可创建(没有专有代码和标记)纯 Java 2 应用。由于 JBuilder 是用纯 Java 语言编写的,其代码不含任何专属代码和标记,因此它支持最新的 Java 标准。

(6) JBuilder 拥有专业化的图形调试界面,支持远程调试和多线程调试;调试器支持各种 JDK 版本,包括 J2ME/J2SE/J2EE。

JBuilder 开发程序方便,是纯 Java 开发环境,适合企业的 J2EE 开发;但一开始往往难于把握整个程序各部分之间的关系,对机器的硬件要求较高,比较消耗内存,使运行速度显得较慢。

4) Microsoft Visual J++

Visual J++是 Microsoft 公司推出的可视化的 Java 语言集成开发环境(IDE),为 Java 编程人员提供了一个新的开发环境,是一个相当出色的开发工具。无论集成性、编译速度、调试功能,还是易学易用性,都体现了 Microsoft 的一贯风格。Visual J++具有下面的特点:

(1) Visual J++把 Java 虚拟机(JVM)作为独立的操作系统组件放入 Windows,使之从浏览器中独立出来。

(2) Microsoft 的应用基本类库(Application Foundation Class Library, AFC)对 SUN 公司的 JDK 作了扩展,使之更加适合在 Windows 下使用。

(3) Visual J++的调试器支持动态调试,包括单步执行、设置断点、观察变量数值等。

(4) Visual J++提供了一些程序向导(Wizards)和生成器(Builders),它们可以帮助用户便捷快速地生成 Java 程序,在自己的工程中创建和修改文件。

(5) Visual J++界面友好,其代码编辑器具有智能感知、联机编译等功能,使程序编写十分方便。Visual J++中建立了 Java 的 WFC,这一新的应用程序框架能够直接访问 Windows 应用程序接口(API),使人能够用 Java 语言编写完全意义上的 Windows 应用程序。

(6) Visual J++中表单设计器的快速应用开发特性使用 WFC 创建基于表单的应用程序变得轻松、简单。通过 WFC 可以方便地使用 ActiveX 数据对象(ActiveX Data Objects, ADO)来检索数据和执行简单数据的绑定。而在表单设计器中使用 ActiveX 数据对象,可以快速地访问和显示数据。

Visual J++结合了微软的一贯编程风格,能很方便地进行 Java 的应用开发,但它的移植性较差,不是纯的 Java 开发环境。

5) NetBeans

NetBeans 是开放源码的 Java 集成开发环境(IDE),适用于各种客户机和 Web 应用。Sun Java Studio 是 Sun 公司最新发布的商用全功能 Java IDE,支持 Solaris、Linux 和 Windows 平台,适宜创建和部署 2 层 Java Web 应用和 n 层 J2EE 应用的企业开发人员使用。

NetBeans 是业界第一款支持创新型 Java 开发的开放源码 IDE。开发人员可以利用业界强大的开发工具来构建桌面、Web 或移动应用。通过 NetBeans 和开放的 API 模块化结构,第三方能够非常轻松地扩展或集成 NetBeans 平台。

NetBeans 3.5.1 版本与其他开发工具相比,最大区别在于不仅能够开发各种台式机上的应用,而且可以用来开发网络服务方面的应用、开发基于 J2ME 的移动设备上的应用等。

6) Eclipse

Eclipse 是一种可扩展的开放源码的 IDE。2001 年 11 月,IBM 公司捐出价值 4 000 万美元的源代码组建了 Eclipse 联盟,并由该联盟负责这种工具的后续开发。集成开发环境(IDE)经常将其应用范围限定在"开发、构建和调试"的周期之中,为了帮助集成开发环境(IDE)克服目前的局限性,业界厂商合作创建了 Eclipse 平台。Eclipse 允许在同一 IDE 中集成来自不同供应商的工具,并实现工具之间的互操作性,从而显著改变了项目工作流程,使开发者可以专注在实际的嵌入式目标上。

Eclipse 框架的这种灵活性来源于其扩展点——在 XML 中定义的已知接口,并充当插件的耦合点。扩展点包括从用在常规表述过滤器中的简单字符串到一个 Java 类的描述。任何 Eclipse 插件定义的扩展点都能够被其他插件使用;反之,任何 Eclipse 插件也可以遵从其他插件定义的扩展点。除了解由扩展点定义的接口外,插件不知道它们通过扩展点提供的服务将如何被使用。

利用 Eclipse,我们可以将高级设计(如采用 UML)与低级开发工具(如应用调试器等)结合在一起。如果这些互相补充的独立工具采用 Eclipse 扩展点彼此连接,那么当用调试器逐一检查应用时,UML 对话框可以突出显示正在关注的器件。事实上,由于 Eclipse 并不了解开发语言,所以无论 Java 语言调试器、C/C++调试器还是汇编调试器都是有效的,并可以在相同的框架内同时关注不同的进程或节点。

Eclipse 的最大特点是它能接受由 Java 开发者自己编写的开放源代码插件,这类似于微软公司的 Visual Studio 和 Sun 微系统公司的 NetBeans 平台。Eclipse 为工具开发商提供了更好的灵活性,使他们能更好地控制自己的软件技术。

1.2.2 安装 Java 2 SDK

本书采用 Sun 公司发布的较新版本,也是近年来 Java 最重要的一个升级版本——Java 2 Platform Standard Edition 5.0(J2SE 5.0)作为 Java 开发平台。J2SE 5.0 具备哪些新的功能和特性请读者自行查阅相关资料。

J2SE 5.0 的下载地址为 http://java.sun.com/j2se/1.5.0/download.jsp。双击下载文件 jdk-1_5_0-windows-i586.exe 就开始了 J2SE 5.0 开发环境的安装过程,如图 1.2 所示。

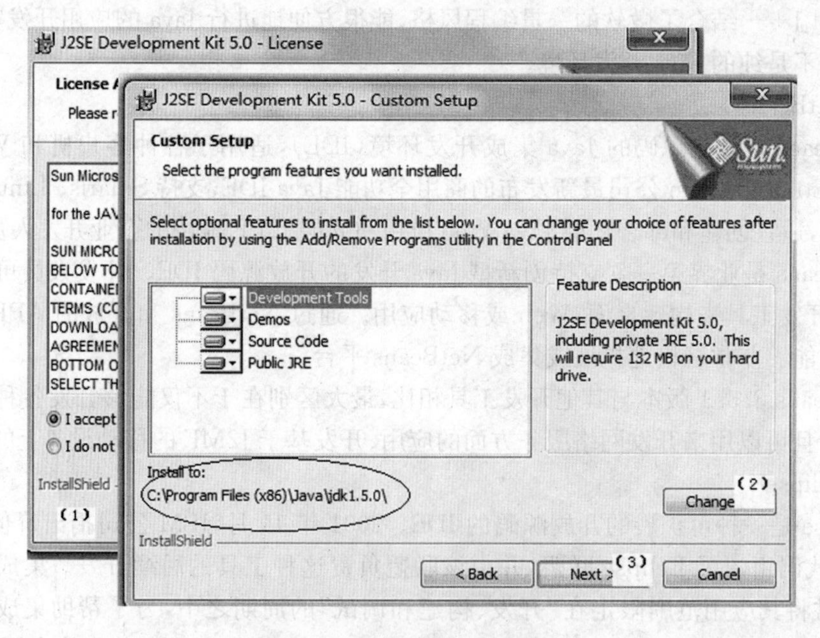

图 1.2 改变默认的安装路径

具体安装过程如下:

(1) 安装程序经过自解压后,就会出现安装协议的对话框,选择【I accept the terms in

the license agreement】并单击【Next】按钮。

(2) 在出现选择安装路径的对话框时，改变 J2SE 5.0 的默认安装路径。单击右边的【Change...】按钮，在出现的路径修改对话框中，输入"c:\jdk1.5.0"后退回到先前的对话框。

(3) 单击【Next】按钮，继续剩余部分的安装。接着 J2SE 5.0 会提示 Java 运行环境(即 JRE 5.0)的安装路径，这里不做任何的改变，采用其默认设置。

(4) 连续单击【Next】按钮直到完成安装，最后系统会提示重新启动计算机。重新启动计算机后，需要对运行 Java 的环境变量进行设置，这是非常重要的一个步骤，如果没有设置成功，在运行 Java 时会出现错误。

1.2.3 更新系统环境变量

环境变量的设置，如图 1.3、图 1.4 所示。

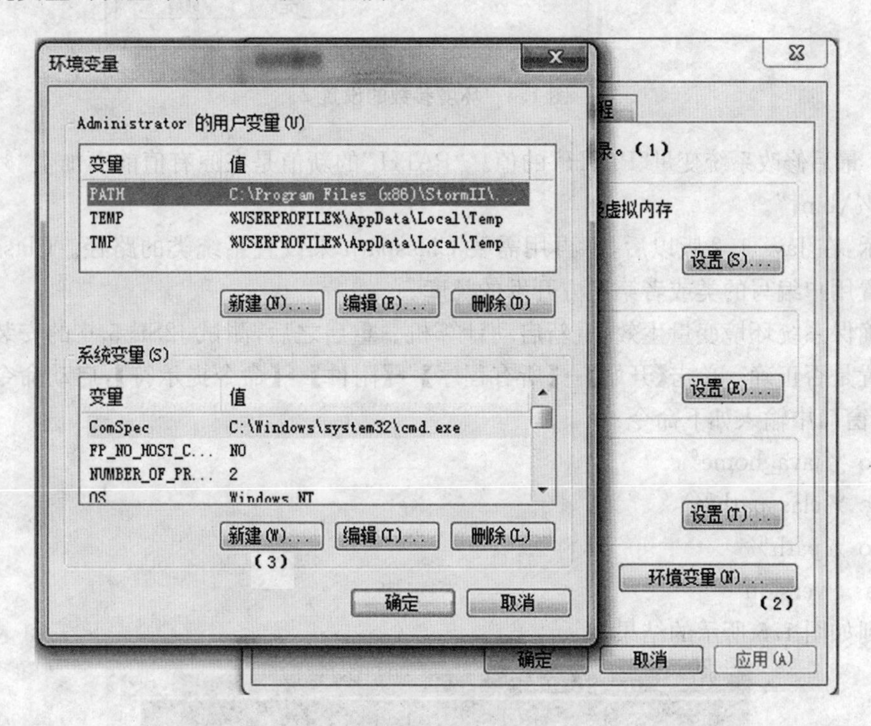

图 1.3 环境参数的设置 1

(1) 进入【控制面板】，单击【系统】，在出现的【系统属性】对话框中，单击【高级】选项。

(2) 单击【环境变量】按钮。

(3) 在环境变量对话框中，单击位于【系统变量】组中的【新建】按钮。

(4) 新建一个系统变量，"变量名"为"JAVA_HOME"，"变量值"为"C:\JDK1.5.0"，然后单击【确定】按钮，如图 1.4 所示。这个"JAVA_HOME"的值就是 J2SE 5.0 的安装路径。

(5) 重复第(4)步，在"变量名"中输入"CLASSPATH"，在"变量值"中输入". %JAVA_HOME%\lib"。这里的"."是要求 Java 编译器在查找 Java Class 文件时，首先从当前目录开始。

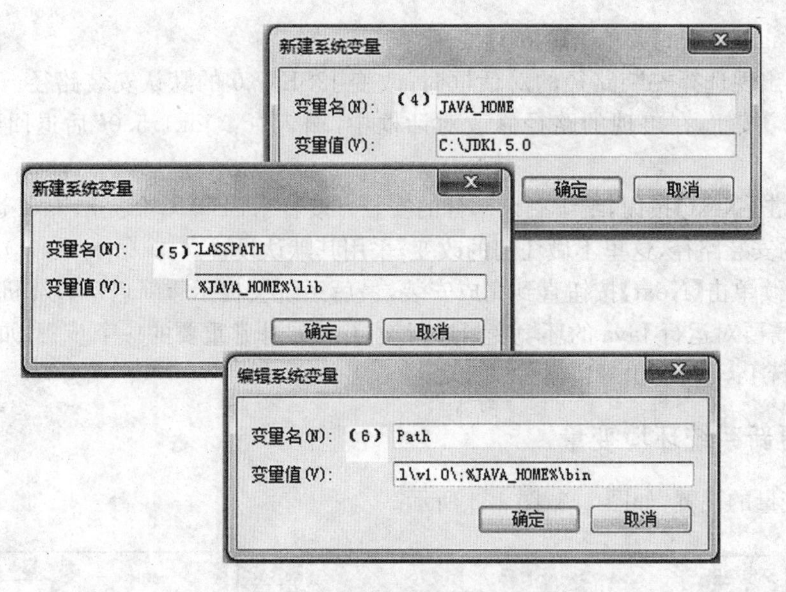

图 1.4　环境参数的设置 2

(6) 最后修改系统变量"PATH"的值。"PATH"的新值是在原有值前面加上"%JAVA_HOME%\bin;"。

提示:在 Java 1.2 版以后,不再用需要 Classpath 来设置系统类的路径。Classpath 是为了设置用户编写的类或者第三方开发的类库。

为确保系统环境变量生效,重新启动计算机。重启之后,测试 J2SE 5.0 的安装与环境变量设置是否正确。单击【开始】→【所有程序】→【附件】→【命令提示符】,启动命令提示符后,在该窗口中输入如下命令:

```
echo %java_home%
echo %classpath%
echo %path%
java  -version
```

得到如图 1.5 所示的结果。

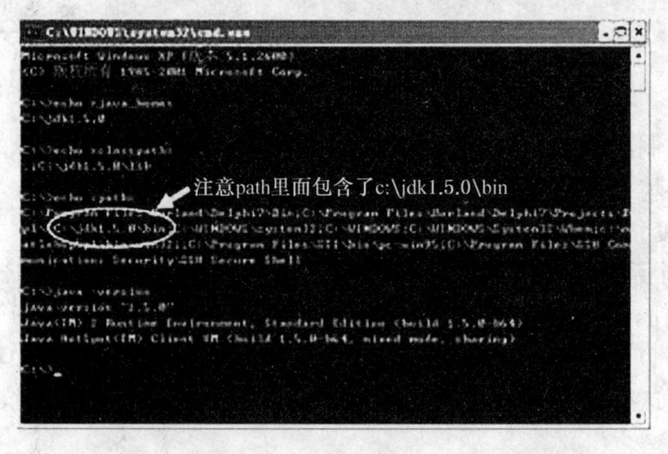

图 1.5　测试 Java 运行环境系统参数的设置

如果读者得到如图1.5所示的结果，就说明最新版的Java开发环境已经安装成功。

提示：读者计算机中的"PATH"值可能同笔者计算机的值不一样，但其中一定要包含"C:\jdk1.5.0\bin"的内容。

1.3 Java应用程序与Java小程序

用Java可以写两种类型的程序：小程序(Java Applet)和应用程序(Java Application)。

小程序是嵌入HTML文档的Java程序，由Java兼容浏览器控制执行；而Java应用程序是从命令行运行的程序，是可以独立运行的，由Java解释器控制执行。对Java而言，Java小程序的大小和复杂性都没有限制。事实上，Java小程序有些方面比Java应用程序更强大，但是由于目前Internet通信速度有限，因此大多数小程序规模比较小。小程序和应用程序之间的技术差别在于运行环境：JAVA应用程序运行在最简单的环境中，它的唯一外部输入就是命令行参数；JAVA小程序则需要来自Web浏览器的大量信息，需要知道何时启动，何时放入浏览器窗口，何处、何时激活、关闭。

由于处于两种不同的执行环境，小程序和应用程序的最低要求不同。小程序的发布十分便利，因此更适合作为Internet上的应用程序；相反，非网络和内存较小的系统更适合用Java应用程序实现。不过Java应用程序也很容易以Internet为基础环境，事实上有些优秀Java应用程序正是如此。

下面首先给出两个最简单的Java程序，从中可以了解Java语言程序的基本结构。

【程序1.1】 最简单的Java应用程序。

```
/*HelloWorldApp.java*/
class HelloWorldApp{
    /**
    * 传统的"Hello World!" 程序
    **/
    public static void main (String args[]){
        //输出到标准输出设备
        System.out.println("Hello World!");
    }
}
```

【程序1.1】是一个Java Application，它的功能很简单：向标准输出设备输出字符串"Hello World!"，运行该程序后可以在显示器上看到该字符串。

在【程序1.1】中首先看到的是注释语句，Java语言的注释语句与C/C++语言的注释语句类似，有两种基本形式：

(1) 以/*开始，以*/结束，其中的所有字符在编译时被忽略。

(2) 行注释。以//开始到本行结束。

【程序1.1】定义了一个类HelloWorldApp，其中定义了一个方法main，方法类似于C语言的函数。有关类和方法的概念将在本书第3章详细描述。

main方法是程序的入口点，Java应用程序从main方法开始执行，main方法执行结束该程序就退出运行。因此，如果一个程序由多个类构成，则只能有一个类有 main 方法。

【程序 1.1】使用了 Java API 完成字符串的输出功能，System. out 为标准输出流对象，相当于 C 语言中的标准输出文件，println 为其方法成员。println 方法的功能是输出括号中的字符串或其他类型的数据并换行。类似的还有方法 print，它与 println 的区别在于输出数据但不换行。

与 C 语言中标准输入文件对应，Java 语言中也有标准输入流 System. in，不过它的功能与 C 语言标准输入文件相比较弱。Java 语言只提供了从标准输入设备读入字符的方法，而没有提供读入其他类型数据的方法，如果希望直接从键盘输入一个整数或实数，必须用程序将从键盘输入的字符串转换为所需的类型。

【程序 1.1】的结构比较简单，只定义了一个类，在后面的章节中将会有包含多个类的程序。

Java Applet 的执行环境与 Java 应用程序不同，Applet 不是独立的应用程序，是嵌入在 HTML 文件中使用的，程序被放置在 Web 服务器上，下载到客户端后，由 Web 浏览器（如微软的 Internet Explorer）执行。

【程序 1.2】 最简单的 Java Applet。

```
import java. applet. Applet;
import java. awt. Graphics;
public class HelloWorld extends Applet{
    public void paint(Graphics g)
    {
        g. drawString ("你好,Java 世界!",2, 20);
    }
}
```

【程序 1.2】是一个最简单的 Java Applet，下面是一个发布【程序 1.2】的 HTML 文件的内容，请读者注意其中斜黑体的内容。

```
<html>
<head><title>我的第一个 Java Applet 程序</title></head>
<body>
<p><applet code=HelloWorld. class width=300 height=200></applet>
</body>
</html>
```

将上述 HTML 文件和【程序 1.2】编译得到的字节码文件 HelloWorld. class 放在 Web 服务器的同一个目录下，当使用 Web 浏览器浏览该 HTML 文件时，浏览器将下载 HelloWorld. class 然后执行。因为执行环境与 Java Application 不同，Applet 的程序结构与 Java Application 也有所不同，但是它们有一点是相同的，即都是由若干个类组成的。

【程序 1.2】的第 1 行相当于 C 语言中的 #inlcude，表示该 Applet 程序需要引用 Java 的 Applet 类。不过，Java 编译器的处理方法不同于 C 语言，它并不将该文件读入，而且引用的是已经编译过的 Java 字节码文件。在编译阶段，Java 编译器将从该字节码文件中读取有关 Applet 类的信息，检验程序对 Applet 的使用是否正确，同时【程序 1.2】编译生成的 HelloWorld. class 文件中也不包含 Applet 类的代码。

第 2 行的作用与第 1 行类似，由于程序中用 java. awt. Graphics 类的功能来输出字符串，因此引入该类。

第 3 行开始定义 HelloWorld 类，注意后面的 extends Applet，这是 Java 的类继承语法。一个 Applet 程序可以由多个类构成，但是其中只有一个类继承 Applet 类，这是 Applet 程序的入口。

Applet 的执行与 Java Application 不同，从程序中看不到像 Application 中 main 方法那样的一个明显的执行流程，实际上这些都已经在 Applet 中实现了。Applet 在执行时一直等待用户的输入或其他的一些事件(如关闭浏览器)，根据不同的事件执行不同的功能。因此在编写 Applet 时需要做的就是提供各种事件的处理程序，例如【程序 1.2】中 HelloWorld 类定义了方法 paint 就是在 Applet 需要绘制界面时被调用。

Applet 类中定义了 paint 方法的调用形式，它用一个 Graphics 类的对象作参数，通过它可以在 Applet 的界面上绘制图形和文字。【程序 1.2】调用 drawString 方法输出一个字符串"你好，Java 世界"。

drawString 方法有三个参数：第一个是要输出的字符串；第二、三个是输出位置，分别为 x、y 轴的值。

图 1.6 是【程序 1.2】在 IE 6.0 中执行的画面。

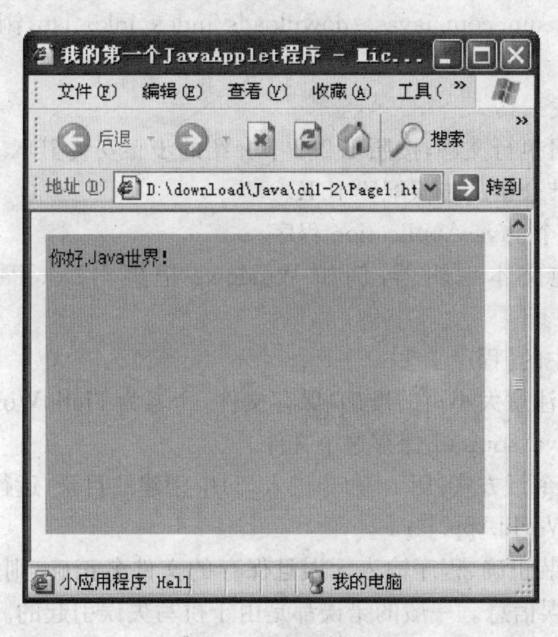

图 1.6 Applet 的运行

实训一　安装与熟悉 Java 开发工具

一、实训目的

1. 学习从网络下载 JDK 开发工具。
2. 学习安装 JDK 开发工具。
3. 掌握 Java Application 程序的开发过程并编写一个 Java Application 程序。
4. 掌握 Java Applet 程序的开发过程并编写一个 Java Applet 程序。
5. 学习编写简单的 HTML 文件,配合 Java Applet 使用。

二、实训内容

1. 从网络下载 JDK 开发工具与帮助文档

访问 http://java.sun.com/javase/downloads/index_jdk5.jsp,浏览 JDK 下载页面,下载得到 JDK 开发工具。

2. 安装 JDK 开发工具

(1) 运行下载的可执行文件,按照 1.2.2 节介绍的步骤安装 JDK。

(2) 按照 1.2.3 节介绍的步骤配置 JDK。

3. 编写并运行一个 Java Application 程序

(1) 打开一个纯文本编辑器,例如 Windows 记事本 NotePad.exe 或 DOS 下的 edit.exe。

(2) 键入 1.3 节中的【程序 1.1】。

(3) 检查无误后(注意大小写的准确)保存文件,命名为 HelloWorldApp.java。可以创建一个目录,如 D:\Java\source1 保存这个文件。

(4) 进入 DOS 命令行方式,用 cd 命令进入(3)中创建的目录,运行 Java 编译器:

```
javac HelloWorldApp.java
```

(5) 如果 JDK 安装正确、程序输入无误且保存的文件名正确,则运行编译器没有任何输出;否则,会输出错误信息。一般的错误都是由于拼写失误引起的。用 dir 命令查看是否已在相同目录下生成一个名为 HelloWorldApp.class 的文件。

(6) 利用 Java 解释器运行这个 Java Application 程序,并查看运行结果命令格式为:java HelloWorldApp。

4. 编写并编译一个 Java Applet 程序

(1) 打开一个纯文本编辑器,例如 Windows 记事本 NotePad.exe 或 DOS 下的 edit.exe。

(2) 键入 1.3 节的【程序 1.2】。

(3) 创建一个目录，保存文件，命名为 HelloWorld. java。

(4) 进入 DOS 命令行方式，在保存有上述 Java 文件的目录下运行 Java 编译器：

javac HelloWorld. java

(5) 如果程序输入无误且保存的文件名正确，运行编译器将没有任何输出；否则，会输出错误信息。用 dir 命令查看是否已在相同目录下生成一个名为 HelloWorld. class 的文件。

5. 编写与 Applet 配合使用的 HTML 文件

(1) 打开一个纯文本编辑器。

(2) 键入如下的 HTML 程序：

```
<html>
<head><title>我的第一个 Java Applet 程序</title></head>
<body>
<p><applet code=HelloWorld. class width=300 height=200></applet>
</body>
</html>
```

(3) 检查无误后把文件命名为 Page. htm，与文件 HelloWorld. java 保存在同一目录下。

(4) 直接双击这个 HTML 文件的图标，或者打开 Web 浏览器(例如 IE)，在地址栏中键入这个 HTML 文件的全路径名，查看 Applet 在浏览器中的运行结果。

(5) 利用模拟的 Applet 运行环境解释运行这个 Java Applet 程序并观察运行结果。进入 DOS 环境，在程序所在目录下运行下面的命令：

appletviewer Page. htm

习 题

1. 计算机语言的发展经历了哪些历程?
2. Java 语言有什么特点?
3. JDK 的编译命令是什么? 如果编译结果显示找不到要编译的源代码，通常会是哪些错误?
4. Java 程序分为哪两大类? 它们之间有哪些差别?
5. Java 程序中有哪几种注释方式?
6. 分别编写 Applet 和 Application，在屏幕上生成如下图案：

```
*
* *
* * *
```

第2章 Java 编程入门

2.1 Java 程序的结构

2.1.1 Java 程序布局

Java 源文件的基本语法布局形式：

- [包声明]
- [导入声明]
- 类声明

包声明主要用来管理大的软件系统。一个大型软件系统往往包含大量的类和接口，把相关的类和接口封装在同一个包中，便于合理组织类和接口，有效控制类和接口的访问。Java 系统会自动分析包名，并将包名分解成一级级子目录名，再在包名所指示的路径下找到 Java 字节码文件。

导入声明说明本文件将要使用到的外部类，并告诉编译器在何处找到这些类。导入声明部分集中放在程序的开头，这样不仅可以直观地统计程序使用了哪些包和类，还可以在移植程序时很直观地了解程序所需要的包，保证程序在移植时的可用性。

类声明包括声明本类的名称、它的访问权限和继承性。类中包含对某类对象进行的操作（成员函数）以及操作中所使用的数据（成员变量）。

2.1.2 Java 源程序的组成

Java 语言的源程序代码由一个或多个编译单元（compilation unit）组成，每个编译单元只能包含下列内容（空格和注释除外）：

- 一个程序包语句（package statement）
- 导入语句（import statements）
- 类的声明（class declarations）
- 接口声明（interface declarations）

例如，VehicleCapacityReport. java 文件可写为：

```
package shipping. reports;
import shipping. domain. * ;
import java. util. List;
import java. io. * ;
public class VehicleCapacityReport
```

```
{private List vehicles;
    public void generateReport(Writer output)
    {...}}
interface VehicleReport
{public File getReport();}
```

其中：

“package shipping. reports;”为打包语句，编译后 Java 系统会自动将字节码文件 VehicleCapacityReport. class 放在“shipping\reports”目录下。包可以包含类以及其他包，来构成包的层次结构。图 2.1 说明了包结构。

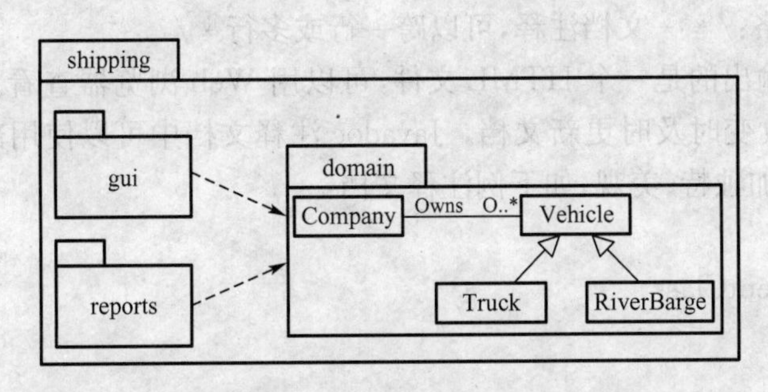

图 2.1 Java 包 UML 图例

“import shipping. domain. * ;
import java. util. List;
import java. io. * ;”为三条导入语句，分别是将 shipping 包 domain 子包的所有类导入本文件；将 java 包 util 子包的 List 类导入本文件；将 java 包 io 子包的所有类导入本文件。导入类之后，程序中涉及这个类的地方只需要给出类名就可以了。

“public class VehicleCapacityReport”为类的声明部分。“public”说明本类是公有类，其他所有包中的类均可访问本类；“class”是类声明的关键字；“VehicleCapacityReport”是由编程者自定义的类名。类声明之后的大括号中是类的主体部分，包含类的成员变量和成员函数。

“interface VehicleReport”是接口声明。与类声明相似，可以用“public”声明为公有接口；“interface“为接口声明的关键字；“VehicleReport”是编程者自定义的接口名。

应该注意，每个 Java 的编译单元可包含多个类和接口，但是每个编译单元却至多有一个类或者接口是公有的，且原文件名必须和公有类或接口一致(包括字母大小写也要严格一致)。

Java 的源程序代码被编译之后，便产生了 Java 字节代码(bytecode)。Java 的字节代码由一些不依赖于机器的指令组成，这些指令能被 Java 运行系统(runtime system)有效地解释。Java 的运行系统工作起来如同一台虚拟机。Java 虚拟机规范为不同的硬件平台提供了一种编译 Java 技术代码的规范，该规范使 Java 软件独立于平台。编译是针对作为虚拟机的“一般机器”而做的，这个“一般机器”可用软件模拟并运行于各种现存的计算机系统，也可用硬件来实现。

在当前的 Java 实现中，每个编译单元就是一个以. java 为后缀的文件。每个编译单元

有若干个类，编译后，每个类都生成一个. class 文件。. class 文件是 Java 虚机器码，即 Java 字节码。

2.1.3 注解语句

注释对于 Java 程序是非常重要的，尤其对于中型、大型程序来说，注释文档是协作开发以及维护的重要依据。

Java 有三种允许的插入注释风格：

- C++风格：//一行注释
- C 语言风格：/ * 一行或多行注释 * /
- Javadoc 风格：/ * * 文档注释，可以跨一行或多行 * /

其中 Javadoc 输出的是一个 HTML 文件，可以用 Web 浏览器查看。它从注释中提取文档，并且当程序改变时及时更新文档。Javadoc 注释文档中可以使用部分 HTML 标记，这使得注释风格更加独特、美观，如下例注释文档：

```
/ * *
 * 类名：CommentClass
 * <br>
 * <strong>
 * 最后修改时间：2008-05-23
 * </strong>
 * /
```

显示效果为：

类名：CommentClass

最后修改时间：2008-05-23

编写文档注释时应注意两点问题：

① 注释不能插在一个标识符或关键字之中，程序中允许加空白的地方才可以写注释。

② 注释不影响程序的执行结果，编译器将忽略注释。

2.1.4 打印语句

打印语句即标准输出语句。大多数应用程序都要由终端窗口输出最终结果，Java 中常用的打印语句主要有 System. out. println(String)方法和 System. out. print(String)方法。前者将字符串参数输出到终端窗口，并且在字符串末尾添加一个换行符；后者只输出字符串参数，不添加换行符。

print()和 println() 方法除了能输出字符串类型以外，还能为最原始的类型(boolean、char、int、long、float、double)输出，甚至为 char[]数组、Object 对象进行输出。

下面我们来看一个完整的程序。

【程序 2.1】 输出一个字符串，然后用 Java 标准类库的 Date 类来输出当前日期。

```
import java. util. * ;
public class HelloDate{
    public static void main(String[] arges){
```

```
        System. out. println("Hello, it is:");
        System. out. println(new Date());
    }
}
```

输出结果为：

Hello，it is：

Thu May 29 11:45:55 CST 2008

上例调用了系统类 System 输出流对象 out 的 println()方法，第一条打印语句以字符串为参数，在终端窗口上显示字符串；第二条语句以日期类的对象作为参数，输出当前日期和时间。

2.2 标识符

2.2.1 Java 字符集

Java 程序是由统一字符编码标准字符集(Unicode character set)所写成的(见图 2.2)。统一字符编码标准是一种十六位的字符编码标准；而 ASCII 则是七位编码，只适用于英文。常用的还有西欧国家所用的 ISO Latin-1 八位编码。使用 Unicode 的好处是用一个字符集就可显示所有现今世界上的可书写语言。Unicode 共有 65 536 个编码，其中有近 39 000 种已被定义完成，而中国字就占了 21 000 种！

虽然 Java 程序是用 Unicode 写成的，但是亦支持 ASCII 及 ISO Latin-1 格式。因其一般是将十六位的 Unicode(UTF-8)编码方式转成八字节流(stream)后写入文件，故与 ASCII、ISO Latin-1 的编码方式互通。事实上，大多数的 Java 程序是用 ASCII 写成的，因为只有较少数的文本编辑器支持 Unicode。

0																
10																
20		!	"	#	$	%	&	'	(	)	*	+	,	-	.	/
30	0	1	2	3	4	5	6	7	8	9	:	;	<	=	>	?
40	@	A	B	C	D	E	F	G	H	I	J	K	L	M	N	O
50	P	Q	R	S	T	U	V	W	X	Y	Z	[	\	]	^	_
60	`	a	b	c	d	e	f	g	h	i	j	k	l	m	n	o
70	p	q	r	s	t	u	v	w	x	y	z	{	|	}	~	
80			,	ƒ	„	…	†	‡	ˆ	‰	Š	‹	Œ			
90		'	'	"	"		-	—	˜	™	š	›	œ			Ÿ
a0		¡	¢	£	¤	¥	¦	§	¨	©	ª	«	¬	-	®	¯
b0	°	±	²	³	´	µ	¶	·	¸	¹	º	»	¼	½	¾	¿
c0	À	Á	Â	Ã	Ä	Å	Æ	Ç	È	É	Ê	Ë	Ì	Í	Î	Ï
d0	Ð	Ñ	Ò	Ó	Ô	Õ	Ö	×	Ø	Ù	Ú	Û	Ü	Ý	Þ	ß
e0	à	á	â	ã	ä	å	æ	ç	è	é	ê	ë	ì	í	î	ï
f0	ð	ñ	ò	ó	ô	õ	ö	÷	ø	ù	ú	û	ü	ý	þ	ÿ

图 2.2 统一字符编码标准(Unicode)\u0000～\u00ff

图 2.2 中：

\u0000～008f 共 128 个字符，相当于 ASCII code

\u0000～00ff 共 256 个字符，相当于 ISO Latin-1 字符集

\u0041～\u005A 表示大写英文字母 A～Z

\u0061～\u007A 表示小写英文字母 a～z

\u0030～\u0039 表示数字 0～9

一些 Unicode 码被视为列表控制，编译时并不处理，这类 Unicode 码也被称作空格符。常用的空格符包括：

\u0020 空白
\u000B 垂直定位
\u001C 文件隔开符号
\u001D 群组隔开符号
\u001E 记录隔开符号
\u001F 单元隔开符号

Unicode 码中同样包括一些转义字符。表 2.1 中列出了 Unicode 码中的转义序列，并与 ASCII 码中的转义序列进行对照。

表 2.1 Unicode 码中的转义序列

Unicode	意 义	ASCII
\u0008	倒退(backspace)	\b
\u0009	水平跳格(Tab)	\t
\u000A	换行(linefeed)	\n
\u000C	换页(form feed)	\f
\u000D	归位(carriage return)	\r
\u0022	双引号 (double quote)	\"
\u0027	单引号(single quote)	\'
\u005c	反斜线(backslash)	\\
\ddd	八进位转义序列(d 介于 0～7)	
\udddd	十六进制转义序列	

下面我们看一个例题，它将统一字符编码标准、空格符、转义序列等混合输入，观察其效果如何。

【程序 2.2】 统一字符编码标准测试。

```
public class UnicodeTest{
    public static void main(String[] args){
        System.out.print("\\u0041="+'\u0041'+'\u0009');
        System.out.print("\\u0061="+'\u0061'+'\u0020');
        System.out.print("\\u5000="+'\u5000'+'\u000B');
        System.out.print("\\u5012="+'\u5012'+"\n");
        System.out.print("\\u5013="+'\u5013'+"\n");
        System.out.print("\\u5005="+'\u0022'+'\u0026'+'\u0022');
        System.out.print("\\u0099="+'\u007B'+'\u007D');
    }
}
```

输出结果为：

\u0041=A   \u0061=a\u5000=倀

\u5012=倒

\u5013=倓

\u5005="&"\u0099={}

2.2.2 标识符构成规则

在 Java 编程语言中，标识符是变量、类或方法的名称。标识符可以一个字母、下划线(_)或美元符号($)开始，随后可跟数字或字符，并未规定最大长度但区分大小写。包含美元符号($)的标识符通常用的较少，尽管它在 Basic 和 VAX/VMS 系统语言中有着广泛的应用。由于不被熟知，因而最好避免在标识符中使用，除非是本地使用上的习惯或其他不得已的原因。

标识符不能是关键字，但是它可包含一个关键字作为它的一部分。例如，thisone 是一个有效标识符，但 this 却不是，因为 this 是一个 Java 关键字。Java 关键字将在后面讨论。

以下为有效标识符：identifier; userName; User_name; _sys_varl; $change。

以下为非法标识符：4; 3_1; >the; Boolean; true; null。

另外，Java 标识符还应遵循以下命名规则：

① 变量名以小写字母开头，类名以大写字母开头，常量名全部由大写字母组成。

② 如果变量名由多个单词组成，则将单词连在一起写，每个单词的首字母大写。如 flagDone、totalNum。

③ 常量名的多个单词间以下划线连接。如 MAX_INTEGER、MAX_ARRAY_NUM。

④ 对于 16 位 Unicode 字符，汉字与英文字母没有区别，可以在变量名中使用汉字，也可以混合使用汉字、英文字母，如 int 整数=10。

2.2.3 关键字

关键字对 Java 技术编译器有特殊的含义，它们可标识数据类型名或程序构造(construct)名(见表 2.2)。

表 2.2 Java 编程语言中的关键字

abstract	double	int	strictfp
boolean	else	interface	super
break	extends	long	switch
byte	final	native	synchronized
case	finally	new	this
catch	float	package	throw
char	for	private	throws
class	goto	protected	transient
const	if	public	try
continue	implements	return	void
default	import	short	volatile
do	instanceof	static	while

以下是有关关键字的重要注意事项：

① true、false 和 null 为小写，而不是像在 C++语言中那样为大写。严格地讲，它们不是关键字，而是文字，然而，这种区别是理论上的。

② 无 sizeof 运算符，所有类型的长度和表示是固定的，不依赖执行。

③ goto 和 const 不是 Java 编程语言中的关键字。

2.3 数据类型

2.3.1 整型

在 Java 编程语言中有四种整数类型，可使用关键字 byte，short，int 和 long 中的任意一个进行声明。整数类型的数值可使用十进制、八进制和十六进制表示，如下所示：

2　　　　十进制数值，是 2

077　　　首位的 0 表示这是一个八进制的数值

0xBAAC　首位的 0x 表示这是一个十六进制的数值

应该注意的是所有 Java 编程语言中的整数类型都是带符号的数字。

整型类文字默认是 int 类型，除非在其后直接跟着一个字母“L”。L 表示其值类型为 long。注意：在 Java 编程语言中使用大写或小写 L 同样都是有效的，但由于小写 l 与数字 1 容易混淆，因而，使用小写不是一个明智的选择。上例的 long 类型如下：

2L　　　十进制数值，是 2，是一个 long 型值

077L　　前缀 0 表示这是一个八进制的数值，是一个 long 型值

0xBAACL　前缀 0x 表示这是一个十六进制的数值，是一个 long 型值

四个整数类型的长度和范围如表 2.3 所示。范围是按 Java 编程语言规范定义的，不依赖于平台。

表 2.3　Java 中的整数类型范围

数据类型	关键字	占用比特数	取值范围
字节型	byte	8	$-2^{7}\sim2^{7}-1$
短整型	short	16	$-2^{15}\sim2^{15}-1$
整　型	int	32	$-2^{31}\sim2^{31}-1$
长整型	long	64	$-2^{63}\sim2^{63}-1$

各种整型数据类型可以相互转换，主要有两种转换情况：

① 短整型向长整型转换：系统默认转换；

② 长整型向短整型转换：必须强制进行，在变量前加上要转换类型，并用一对括号括起。比如下面的例子：

```
int a;
long b;
b=a;
```

a=(int) b;

整型数据与下面介绍的实型数据间也可以以同样的方法进行类型转换。

2.3.2 实型

实型又名浮点型。实型变量可用关键字 float(单精度浮点类型)或 double(双精度浮点类型)来声明,如果一个数字文字包括小数点或指数部分,或者在数字后带有字母 F 或 f (float)、D 或 d(double),则该数字文字为实型。下面是浮点数的示例。

3.14　　一个简单的浮点值(默认为 double 型)

5.12E8　　一个科学记数法表示的 double 型浮点值,含义是 5.12×10^8

2.718F　　一个简单的 float 型浮点值

15D　　一个简单的 double 型浮点值

实型数据类型长度和默认取值如表 2.4 所示。

表 2.4　Java 中的实型长度和默认取值

数据类型	关键字	占用比特数	默认取值
浮点型	float	32	0.0F
双精度型	double	64	0.0D

值得注意的是实型文字除非明确声明为 float 型,否则均为 double 型。

2.3.3 字符型

使用 char 类型可表示单个字符。一个 char 代表一个 16bit 无符号的(不分正负的) Unicode 字符。一个 char 类型文字必须包含在单引号内(‘’)。

‘a’　　一个小写字母 a

‘\t’　　一个制表符

‘\u????’　　一个特殊的 Unicode 字符。???? 应严格按照四个十六进制数字进行替换

字符型长度和默认取值如表 2.5 所示。

表 2.5　Java 中的字符型长度和默认取值

数据类型	关键字	占用比特数	默认取值
字符型	char	16	‘\u0’

注意字符型与字符串型不要混淆。字符串 String 不是原始类型,而是一个类(class),它被用来表示字符序列。字符本身符合 Unicode 标准,且 char 类型的反斜线符号适用于 String。与 C 和 C++不同,String 不能用 '\0'作为结束。

String 类型的文字应用双引号封闭,如下所示:

"I love Java."

char 和 String 类型变量的声明和初始化如下所示:

```
char ch='A';      //声明并初始化一个字符型变量 ch
char ch1, ch2;    //声明并初始化两个字符型变量 ch1, ch2
```

```
//声明两个字符串型变量,并初始化它们
String greeting="Good Morning!! \n";
String err_msg="Record Not Found!";
String str1, str2; //声明两个字符串型变量 str1, str2
```

2.3.4 布尔型

逻辑值有两种状态,即人们经常使用的"on"和"off"、"true"和"false"、"yes"和"no",它用 boolean 类型来表示。以下举例一个 boolean 类型变量的声明和初始化:

```
boolean truth=true; //声明一个布尔类型的变量 truth,并初始化为 true
```

布尔型长度和默认取值如表 2.6 所示。

表 2.6 Java 中的布尔型长度和默认取值

数据类型	关键字	占用比特数	默认取值
布尔型	boolean	8	false

特别值得注意的是在整数类型和 boolean 类型之间无转换计算。有些语言(比如 C 和 C++)允许将数字值转换成逻辑值,这在 Java 编程语言中是不允许的。在 Java 中 boolean 类型只允许使用 boolean 值。

2.4 运算符与表达式

2.4.1 概述

Java 中的表达式是由运算符和操作数组成的。操作数可以是变量、常量或方法,常量只有 2.3 节中介绍的简单数据类型和字符串(String)类型才具有,方法将在后面章节中做具体介绍,这里主要对变量的操作方法和作用域稍做介绍。

Java 中有两种变量:简单类型变量和引用类型变量。简单类型变量也就是 2.3 节中介绍的几种数据类型变量,其中存放的是具体数值;引用类型变量中存放的则是某个对象的地址值,这种变量类型将在第 3 章中多次出现。

变量声明的位置:可在方法内;也可在方法外但须在类定义之内。变量可被定义为方法参数或构造函数参数。

在方法内定义的变量被称为局部(local)变量,有时也被称为自动(automatic)、临时(temporary)或栈(stack)变量。

在方法外定义的变量在使用 new xxxx()调用构造一个对象时被创建。在构造一个对象时,可创建两种变量:一是类变量,它用 static 关键字来声明,只要需要对象,类变量就将存在。二是实例变量,它不需用 static 关键字来声明,只要对象被当作引用,实例变量就将存在。实例变量有时也用作成员变量,因为它们是类的成员。

方法参数变量定义在一个方法调用中传送的自变量。每次当方法被调用时,一个新的变量就被创建并且一直存在直到程序的运行跳离该方法。

当程序进入一个方法时,局部变量被创建;当程序离开该方法时,局部变量被取消。因而,局部变量有时也被引用为临时或自动变量。在成员函数内定义的变量只对该成员有效,因而,可以在几个成员函数中使用相同变量名而实际所指不同的变量。举例如下：

```
class OurClass{
    int i;                          //OurClass 类的实例变量 i
    int firstMethod(){
        int j=0;                    //firstMethod 方法的局部变量。此处变量 i、j 均
                                      有效
            ……
            return 1;
    }                               //firstMethod 方法结束
    int secondMethod(float f){      //secondMethod 方法的参数变量 f
        int j=0;                    //secondMethod 方法的局部变量 j,它不同于 first-
                                      Method 方法的局部变量 j
                                    //此处,OurClass 类的实例变量 i 和 secondMethod
                                      方法的局部变量 j 是可以访问的
            ……
            return 2;
    }                               //secondMethod 方法结束
}                                   //OurClass 类结束
```

另外要注意的是,在 Java 程序中,任何变量都必须经初始化后才能被使用。当一个对象被创建时,实例变量在被分配存储器的同时被下列值初始化(见表 2.7)：

表 2.7　Java 中变量的默认初始值

类　型	初始值	类　型	初始值
byte	(byte)0	double	0.0
short	(short)0	char	'\u000'(NULL)
int	0	boolean	false
long	0L	所有引用类型	null
float	0.0f	—	—

在方法外定义的变量被自动初始化;局部变量必须在使用之前"手工"初始化。如果编译器发现一个变量在初始化之前被使用将报错。如下例:

```
public void doComputation(){
    int x=(int)(Math.random()*100);
    int y;
    int z;
    if(x>50){
        y=9;
    }
    z=y+x;   //变量 y 可能在初始化之前被使用
```

}

运算符是对1个、2个或3个参数完成一项函数功能。Java软件的运算符在风格和功能上都与C和C++极为相似。

运算符可以按参数的数量划分为一元运算符、二元运算符和三元运算符，元是指参与运算的操作数的数目。一元运算符又可分为前缀符号和后缀符号，前缀符号在运算数之前，如"++i"，后缀符号在运算数之后，如"i++"；二元运算符在两个运算数之间，例如"i+j"；三元运算符只有一个。即条件运算符。

运算符更普遍的分类方法是按功能划分，可分为6类：算术运算符、赋值运算符、关系运算符、逻辑运算符、位运算符、条件运算符。

2.4.2 算术运算符

算术运算符包括基本的四则运算：加法"+"，减法"-"，乘法"*"，除法"/"，余数"%"并支持浮点数和整数运算，算术运算符的形式和功能如表2.8所示。

表2.8 Java中的算术运算符——四则运算符

运 算 符	形 式	功 能 描 述
+	op1+op2	op1加op2
-	op1-op2	op1减op2
*	op1*op2	op1乘以op2
/	op1/op2	op1除以op2
%	op1%op2	op1除以op2的余数

注意除号"/"和余数"%"的区别。

对于两个整数a和b："a/b"得到两数之商，"a%b"得到两数之余数。

例如"5/2=2"，"5%2=1"，它们之间的关系是"5=2*2+1"

对于两个浮点数a和b："a/b"得到的是用小数表示的商c，"a%b"得到的是"a-b*int(c)"。

例如"7.253/2.113=3.4325603"，而"7.253%2.113=7.253-2.113*3=0.914"

除了基本的四则运算符外，还有4个一元算术运算符，其中"++"和"--"运算符有前缀和后缀两种形式(见表2.9)。

表2.9 Java中的其他算术运算符

运算符	形 式	功 能 描 述
+	+op1	如果op1是byte、short，或char型的数字，则转换为int型的数字
-	-op1	op1的负值
++	op1++	先返回op1的值，再将op1的值加1
--	op1--	先返回op1的值，再将op1的值减1
++	++op1	先将op1的值加1，再返回op1的值
--	--op1	先将op1的值减1，再返回op1的值

其中，最容易混淆的是“op＋＋”和“＋＋op”，例如：

```
int a1＝10；
int a2＝10；
int b1，b2；
b1＝a1＋＋；
  //程序先将 a1 的值“10”赋给 b1，此时 b1＝10；再将 a1 加 1，此时 a1＝11。
b2＝＋＋a2；
  //程序先将 a2 加 1，此时 a2＝11；再将 a2 的值赋给 b2，此时 b2＝11。
```

执行这段程序的过程中，虽然 a1、a2 的值都是 11，但 b1、b2 由于赋值与自加的先后顺序不同，因此一个的值为 10，另一个的值为 11。

由此可以看出，灵活地运用＋＋运算符可以简化程序，但过分使用就会降低程序的可读性，也容易出错。

2.4.3 赋值运算符

“＝”是最基本的赋值运算符，将一个变量或常量的值赋给另一个变量。例如：

```
int a=7;  //a 的值为 7
a=9;      //现在 a 的值为 9
```

快捷赋值运算符“＋＝”，用于同时实现算术、移位或按位操作与赋值操作。例如：

i＝i＋2；

用快捷赋值符号表示如下：

i＋＝2；

常见快捷赋值运算符如表 2.10 所示。

表 2.10 Java 中的赋值运算符

运 算 符	使 用 形 式	等 价 于
＋＝	op1＋＝op2	op1＝op1＋op2
－＝	op1－＝op2	op1＝op1－op2
*＝	op1 *＝op2	op1＝op1 * op2
/＝	op1/＝op2	op1＝op1/op2
%＝	op1%＝op2	op1＝op1%op2
&＝	op1&＝op2	op1＝op1&op2
|＝	op1|＝op2	op1＝op1|op2
∧＝	op1∧＝op2	op1＝op1∧op2
<<＝	op1<<＝op2	op1＝op1<<op2
>>＝	op1>>＝op2	op1＝op1>>op2
>>>＝	op1>>>＝op2	op1＝op1>>>op2

2.4.4 关系运算符

关系运算符用来比较两个值是否满足某种关系，如果满足，则返回 “true”(真)；否则返回 “false”(假)。

常用的关系运算符如表 2.11 所示。

表 2.11 Java 中的关系运算符

运 算 符	形 式	返回“true”的条件
>	op1>op2	op1 大于 op2
>=	op1>=op2	op1 大于或等于 op2
<	op1<op2	op1 小于 op2
<=	op1<=op2	op1 小于或等于 op2
==	op1==op2	op1 等于 op2
！=	op1！=op2	op1 不等于 op2

在 Java 中，“=”代表给变量赋值，“==”代表相等，这与传统的习惯不同。初学者往往习惯性地用“=”表示相等，从而出现“if(a=b){…}”的错误。

“！=”运算符表示“不等于”，这与 C、C++语言的形式一样，但在 Basic，Pascal 等语言中，“<>”表示“不等于”。程序员应当注意不同语言中不等号的形式差别。

2.4.5 逻辑运算符

逻辑运算符用于对操作数进行逻辑运算，返回值也为“true”(真)或者“false”(假)。常见的逻辑运算符如表 2.12 所示：

表 2.12 Java 中的逻辑运算符

运算符	形 式	返回“ture”的条件
&&	op1&&op2	op1 和 op2 都为真，有条件地计算 op2 的值
‖	op1‖op2	op1 和 op2 中至少有一个为真，有条件地计算 op2 的值
！	！op1	op1 为假
&	op1&op2	op1 和 op2 都为真，总是计算 op2 的值
|	op1|op2	op1 和 op2 中至少有一个为真，总是计算 op2 的值
∧	op1∧op2	op1 和 op2 的值不同，也就是说 op1 和 op2 中有一个为真，但不能都为真或都为假

Java 对逻辑与(&&)和逻辑或(‖)提供短路操作功能。进行运算时，先计算运算符左侧表达式的值，如果通过该值能得到整个表达式的值，则跳过运算符右侧表达式的计算；否则计算运算符右侧表达式，再得到整个表达式的值。

“&&”和“&”的差别在于“&&”只有在需要时才计算右边 op2 的值，如果通过 op1 就能知道结果，op2 就不会被计算；“&”要计算 op1 和 op2 的值，才能得到返回值。这种差别同样存在于“‖”和“|”。

例如 if((5＞7)&&(13＞2))then{…}

“5＞7”不成立，则“(5＞7)&&(13＞2)”显然不会成立，因此不再计算“13＞2”

2.4.6 位运算符

移位和按位运算符是专门对二进制数值进行操作的运算符。

移位运算符的作用是将二进制数向左或向右移一位。

＜＜：左移，将二进制数左移一位，右边多余的数位填 0，相当于乘以 2。

＞＞：有符号右移，将二进制数右移一位。如果二进制数的最高位为 0，则左端补 0，如果最高位为 1，则左端补 1，相当于除以 2。

＞＞＞：无符号右移，将二进制数向右移一位，左端补 0，常用于直接设置二进制位的操作(见表 2.13)。

表 2.13 Java 中的移位运算符

运算符	形　式	说　明
＜＜	op1＜＜op2	op1 向左移 op2 个二进制位
＞＞	op1＞＞op2	op1 向右移 op2 个二进制位(有符号式右移)
＞＞＞	op1＞＞＞op2	op1 向右移 op2 个二进制位(无符号式右移)

值得注意的是有符号右移和无符号右移的区别：

有符号右移用于对一个整数以 2 为倍数进行缩小(对正数而言)或放大(对负数而言)；而要直接设置二进制位时，因为每一位都有具体的含义，并不代表一个整数，所以应当使用无符号右移。

例如：

128＞＞1 得到 64(相当于 128/2=64)

−128＞＞2 得到−32(相当于$-128/2^2=--32$)

0xa2＞＞＞2 得到 40

128＜＜1 得到 256(相当于 128*2=256)

16＜＜2 得到 64(相当于$16*2^2=64$)

Java 提供了 4 种按位运算符(见表 2.14)。

表 2.14 Java 中的按位运算符

运　算　符	形　式	说　明
&	op1&op2	按位与
|	op1|op2	按位或
∧	op1∧op2	按位异或
～	～op2	按位取补

“&”运算符对操作数 op1 和 op2 的每一位进行“与”操作，只要有一个操作数的对应位为 0，结果对应位就为 0。适用于将操作数的某位置 0。

例：10&13 的结果：

```
     1010
&    1101
─────────
     1000
```

“|”运算符进行按位的“或”运算，只要有一个操作数的对应位为 1，结果的对应位就是 1。适用于将操作数的某位置 1。

例：1010|0001 的结果：

```
     1010
|    0001
─────────
     1011
```

“∧”运算符实现按位异或运算，只有两个操作数的对应位不同，结果才为 1。

例：1010∧1111 的结果：

```
     1010
∧    1111
─────────
     0101
```

“～”是按位运算符中唯一的一元运算符，它的作用是将二进制数的每一位取反。

```
例：～ 1010
   ────────
      0101
```

2.4.7 条件运算符

Java 中唯一的三元运算符为条件运算符，其表现形式为“op1？op2：op3”。op1 通常为表达式，得到一个逻辑值；op2 和 op3 通常为语句。条件运算符相当于一个简化的条件选择语句，即如果操作数 op1 的结果满足，则整个表达式的取值为 op2，否则表达式取值为 op3。值得注意的是，op2 和 op3 需要返回相同的类型，且不能是 void。

下面的语句是运用条件运算符求变量 x 的绝对值：

(x＞＝0)？x：－x；

2.4.8 类型转换

对于包含多个运算符的一串表达式，计算时必须遵循一定的优先次序。在没有括号的条件下，进行四则运算时，应当先算乘除法，后算加减法；相同优先级的运算符实行由左至右的计算次序，但赋值语句是自右至左的次序（见表 2.15）。

表 2.15 Java 运算符的优先次序表

后缀运算符	[] .（参数） op＋＋ op－－
一元运算符	＋＋op －－op ＋op －op ～ ！
新建与类型转换	new（变量类型）
乘除法	* / %
加减法	＋ －
移 位	<< >> >>>
关系运算符	< > <= >= instanceof

续表 2.15

<table>
<tr><td>相等与不等</td><td>== !=</td></tr>
<tr><td>按位与</td><td>&</td></tr>
<tr><td>按位异或</td><td>^</td></tr>
<tr><td>按位或</td><td>|</td></tr>
<tr><td>逻辑与</td><td>&&</td></tr>
<tr><td>逻辑或</td><td>||</td></tr>
<tr><td>条件判断</td><td>?:</td></tr>
<tr><td>赋值</td><td>= += -= *= /= %= &= ^= |= <<= >>= >>>=</td></tr>
</table>

如果表达式中两个运算数是相同类型的，则运算结果也是同样类型；如果两个运算数类型不同，Java 会先将低精度数值转换为高精度类型，再进行计算，结果也是高精度类型。数据类型精度的次序为：byte＜short＜int＜long＜float＜double。例如，整数和浮点数相加，首先将整数转换成浮点数，再相加，结果也是浮点数。

当位数少的类型转换为位数多的类型时，系统可以进行自动类型转换，转换规则如表 2.16 所示。

表 2.16 自动类型转换规则

操作数 1 类型	操作数 2 类型	转换后的类型
byte 或 short	int	int
byte 或 short 或 int	long	long
byte 或 short 或 int 或 long	float	float
byte 或 short 或 int 或 long 或 float	double	double
char	int	int

在赋值的信息可能丢失，即位数多的类型向位数少的类型进行转换时，编译器需要程序员用类型转换(typecast)的方法确认赋值。显式转型的方法如下：

```
double    doubleValue=99.9D;
int       intValue=(int)(doubleValue);
```

在上述语句中，要转换的目标类型被放置在圆括号中，并被当作表达式的前缀。一般建议用圆括号将需要转型的全部表达式封闭。否则，转型操作的优先级可能引起问题。转型后 int 变量中只保留了 double 值的整数部分。

另外，由于 short 的范围是 $-2^{15}\sim2^{15}-1$，char 的范围是 $0\sim2^{15}-1$，因而由 short 向 char 转换总需要一个显式转型。值得注意的是，在 Java 中，布尔类型和数字类型不能相互转换。

2.5 流程控制语句

2.5.1 分支语句

条件语句可使部分程序根据某些表达式的值有选择地执行。Java 编程语言支持双路 if

和多路 switch 分支语句。

if 语句有两种类型：if 及 if...else。if 语句只在条件为真(true)时执行；if...else 则在条件为真或假(false)时执行不同的程序区块。

简单 if 语句的语法：

```
if(布尔表达式=true){
    语句或语句块;
}
```

在 Java 编程语言中，if()用的是一个布尔表达式，而不是数字值，这一点与 C/C++不同。前面已经讲过，布尔类型和数字类型不能相互转换，因而，如果出现下列情况：

```
if(x){      //x is int
......
}
```

应该用下列语句替代：

```
if(x! =0){
......
}
```

当只有两种情况要选择时，更常用的方法是使用 if...else。其语法如下：

```
if(布尔表达式){
    语句或语句块;
}
else{
    语句或语句块;
}
```

例如：

```
if(a>=b){
    a+=b;
}
else{
    a-=b;
}
```

若有三种情况要选择时，则可用 if...else if...else 语句，其语法如下：

```
if(布尔表达式 A){
    语句块 A;
}
else if(布尔表达式 B){
    语句块 B;
}
else{
    语句块 C;
```

```
}
```

例如：

```
if(a>0){
    System.out.println("变量 a 是正数。");
}
else if(a<0){
    System.out.println("变量 a 是负数。");
}
else{
    System.out.println("变量 a 是零。");
}
```

在实际生活中，常会有许多条件需要判断，因此需用多个 if 来做判断，甚至在一个 if 中有多个 if 或 if...else，称作嵌套 if。

【程序 2.3】 电力公司的电费计算标准如下：240 度以下，以每度 0.15 元计算；240 度至 540 度间以每度 0.25 元计算；超过 540 度，则以 0.45 元计算。输入用电度数，输出本月需缴的电费。

```
public class Elefee{
    public static void main(String args[]){
        double a, fee;
        System.out.println("本月您家的用电度数是:"+args[0]+"度");
        a=Double.parseDouble(args[0]);
        if(a>=0){
            if(a<=240){
                fee=a*0.15;
                output(fee);
            }
            else if(a<=540){
                fee=(a-240)*0.25+240*0.15;
                output(fee);
            }
            else{
                fee=(a-540)*0.45+(540-240)*0.25+240*0.15;
                output(fee);
            }
        }
        if(a<0){
            System.out.println("请输入正数的度数!!!");  //若输入参数为负值，
                                                        提示出错
        }
```

```
    }
        static void output(double result){
            System.out.println("您需要缴的电费是:"+result+"元");
        }
}
```

执行结果：

本月您家的用电度数是:-25 度

请输入正数的度数!!!

>java EleFee 25

本月您家的用电度数是:25 度

您需要缴的电费是:3.75 元

>java EleFee 250

本月您家的用电度数是:250 度

您需要缴的电费是:38.5 元

>java EleFee 550

本月您家的用电度数是:550 度

您需要缴的电费是:115.5 元

值得一提的是，也可以运用 2.4.7 节中的条件运算符来代替 if 语句。如求变量 x 的绝对值：(x>=0)? x:-x;相当于：

```
if(x>=0)
    x=x;
else
    x=-x;
```

当需选择情况更多时，就需要使用 switch 语句。其语法如下：

```
switch(表达式){
    case value1:语句组 1;
        break;
    case value2:语句组 2;
        break;
    ......
    case valueN:语句组 N;
        break;
    default:缺省语句组;
}
```

值得注意的是，在 switch 语句中，表达式语句必须与 int 类型是赋值兼容的。也就是说 byte、short 或 char 类型可使用，但不允许使用浮点型或 long 型表达式。

当变量或表达式的值不能与任何 case 值相匹配时，缺省符(default)指出应该执行的程序代码。如果没有 break 语句作为某一个 case 代码段的结束句，则程序将继续执行下一个 case，而不检查该 case 表达式的值。试比较以下两个例子：

例 1：

```
switch(colorNum){
case 0:
setBackground(Color.red);
break;
case 1:
setBackground(Color.green);
break;
default:
setBackground(Color.black);
break;
}
```

例 2：

```
switch(colorNum){
case 0:
setBackground(Color.red);
case 1:
setBackground(Color.green);
default:
setBackground(Color.black);
break;
}
```

例 1 根据变量 colorNum 的值，寻找与之相匹配的 case 分支，执行其中的设定背景色语句，如 colorNum＝1，则背景色设为绿色。例 2 执行结果是背景颜色先被设为红色再为绿色，再为黑色。其执行过程不考虑变量 colorNum 的值。

2.5.2 循环语句

循环语句使语句或块的执行得以重复进行。Java 编程语言支持三种循环构造类型：for、while 和 do...while。for 和 while 循环是在执行循环体之前测试循环条件，而 do...while 是在执行完循环体之后测试循环条件。这就意味着 for 和 while 循环可能连一次循环体都不执行，而 do...while 将至少执行一次循环体。三种循环语句语法如下：

1) for 语句

for 循环的语法是：

```
for(初始语句; 逻辑表达式; 迭代语句){
    语句或语句块;
}
```

例如：

```
for(int i=0; i<10; i++){
    System.out.println("Are you finished yet?");    //本条语句循环执行 10 次
```

```
}
System.out.println("Finally!");
```

for 语句执行时，首先执行初始化操作，然后判断逻辑表达式给出的条件是否满足，如果满足，则执行循环体中的语句，最后执行迭代部分。完成一次循环后，重新判断终止条件。

初始化、终止以及迭代部分都可以为空语句(但分号不能省略)，三者均为空的时候，相当于一个无限循环。如：

```
for(;;)
    System.out.println("Always print!");
```

在初始化部分和迭代部分可以使用逗号语句，来进行多个操作。逗号语句是用逗号分隔的语句序列。如：

```
for(i=0, j=10; i<j; i++, j--){
    ……
}
```

2) while 语句

while 循环的语法是：

```
while(布尔表达式){
    语句或语句块;
}
```

例如：

```
int i=0;
while(i<10){
    System.out.println("Are you finished yet?");
    i++;
}
System.out.println("Finally!");
```

只有确认循环控制变量在循环体开始执行之前已被正确初始化，并确认循环控制变量满足条件时，循环体才开始执行。控制变量必须正确更新以防止死循环。

3) do...while 语句

do...while 循环的语法是：

```
do{
    语句或语句块;
}
while(布尔测试);
```

例如：

```
int i=0;
do{
    System.out.println("Are you finished yet?");
    i++;
}while(i<10);
```

System. out. println("Finally!");

像 while 循环一样，须确认循环控制变量在循环体中被正确初始化，并在测试被适时更新。

作为一种编程惯例，for 循环一般用在循环次数事先可确定的情况，而 while 和do...while 用在循环次数事先不可确定的情况。

2.5.3 break 语句

break 与 continue 提供给 for、switch、while、do...while 等做额外的控制。在 switch 语句中，break 语句用来终止 switch 语句的执行。

在 Java 中，可以为每个语句块加一个括号，即一个语句块通常是用大括号括起来的一段代码。格式如下：

块标号：{语句块；}

使用 break 语句的第二种情况就是跳出它所指定的块，并从紧跟该块的第一条语句处执行。例如：

break 块标号；

break 语句

```
a:{……          //标记代码块 a
b:{……          //标记代码块 b
c:{……          //标记代码块 c
break b;
    ……          //此处的语句块不被执行
}
    ……          //此处的语句块不被执行
}
    ……          //从此处开始执行
}
```

2.5.4 continue 语句

continue 语句用来结束本次循环，跳过循环体中尚未执行的语句，接着进行终止条件的判断，以决定是否继续循环。对于 for 语句，在进行终止条件的判断前，要先执行迭代语句。格式为：

continue;

也可以用 continue 跳转到括号指明的外层循环中，格式为：

continue 外层循环标号；

例如：

```
outer: for(int i=0; i<10; i++){   //外层循环
inner: for(int j=0; j<10; j++){   //内层循环
if(i<j){
    ……
```

```
continue outer;
}
    ……
}
    ……
}
```

以下示例用以说明 break 语句与 continue 语句的不同。

【程序 2.4】 break 与 continue 语句的应用。

```
public class labeled{
    public static void main(String[] args){
        int i=0;
        outer:
        while(true){
            prt("Outer while loop");
            while(true){
                i++;
                prt("i="+i);
                if(i==1){
                    prt("continue");
                    continue;
                }
                if(i==3){
                    prt("continue outer");
                    continue outer;
                }
                if(i==5){
                    prt("break");
                    break;
                }
                if(i==7){
                    prt("break outer");
                    break outer;
                }
            }
        }
    }
    static void prt(String s){
        System.out.println(s);
    }
```

```
}
```

执行结果：

```
Outer while loop
i=1
continue
i=2
i=3
continue outer
Outer while loop
i=4
i=5
break
i=6
i=7
break outer
```

实训二　类与对象

一、实训目的

1. 熟练掌握Java应用程序的结构。

2. 了解Java语言的特点，基本语句、运算符及表达式的使用方法。

3. 熟练掌握常见数据类型的使用。

4. 熟练掌握if...else、switch、while、do...while、for、continue、break、return语句的使用方法。

二、实训内容

1. 使用JDK编译运行Java应用程序，记录操作过程。

```
public class Hello
{
    public static void main(String args[])
    {
        System.out.println("Hello!");
    }
}
```

2. 输出下列数字形式。

(1) n=4

```
0 0 0 0
0 1 1 1
0 1 2 2
0 1 2 3
```

(2) n=4

```
      1
    1 2 1
  1 2 3 2 1
1 2 3 4 3 2 1
```

3. 采用一维数组输出杨辉三角形。

4. 求二维数组的鞍点，即该位置上的元素在该行上最大、在该列上最小。

5. 如果A的因子和是B，而B的因子和是A，则称A和B是一亲密数对。其中A的因子包括1但不包括自身。编程求500以内的亲密数对。

习 题

1. 下列哪个是合法的 Java 标识符 （ ）

   A. Tree&Glasses　　B. FirstJavaApplet

   C. _$theLastOne　　D. 273.5

2. 有关 for 和 while 循环,以下说法错误的是 （ ）

   A. for 循环的循环变量只能是从 0 开始或者从 1 开始的整数

   B. while 循环是最通用的循环语句

   C. for 循环在固定次数的循环中使用比较方便

   D. 用 for 循环能够完成的工作,用 while 循环也能完成

3. Java 的字符类型采用的是 Unicode 编码方案,每个 Unicode 码占用________个比特位。 （ ）

   A. 8　　B. 16　　C. 32　　D. 64

4. 设 a=8,则表达式 a>>>2 的值是 （ ）

   A. 1　　B. 2　　C. 3　　D. 4

5. 若 a 的值为 3 时,下列程序段被执行后,c 的值是多少 （ ）

   c=1;

   if(a>0) if(a>3) c=2; else c=3; else c=4;

   A. 1　　B. 2　　C. 3　　D. 4

6. Java 中的引用变量需要初始化,简单变量可以不进行初始化 （ ）

   A. 正确　　B. 错误

7. 在变量定义中,对变量名的要求有哪些?

8. 编程实现从 1 开始打印 100 以内的整数,至 50 时使用 break 退出。

9. 求出 e=1+1/1! +1/2! +1/3! +…+1/n! +…的近似值,要求误差小于 0.0001。

   提示:n 越大误差越小,使用 double 型。

第3章 面向对象程序设计

3.1 面向对象程序设计概述

3.1.1 面向对象的概念

面向对象技术(OOP)是一种新兴的程序设计方法，也是一种新的程序设计规范(paradigm)。其基本思想是使用对象、类、继承、封装、消息等基本概念来进行程序设计，从现实世界客观存在的事物(即对象)出发来构造软件系统，并且在系统构造中尽可能运用人类的自然思维方式。

我们可以把生活的真实世界(Real World)看作由许多大小不同的对象所组成。对象可以是有生命的个体，比如一个人或一只鸟；也可以是无生命的个体，比如一辆汽车或一台计算机；还可以是一件抽象的概念，如天气的变化或鼠标所产生的事件。对象是系统中用来描述客观事物的一个实体，它是构成系统的一个基本单位。对象有两个特征：状态(state)和行为(behavior)。例如：一个人有他的身高或体重等状态，并有他的行为，如唱歌、打球、骑摩托车、开汽车。程序设计中的对象的概念由真实世界的对象而来。面向对象软件将状态保存在变量(variables)或称数据字段(data field)里；而行为则借助方法(methods)为工具来实现。软件对象结构示图如图3.1所示。

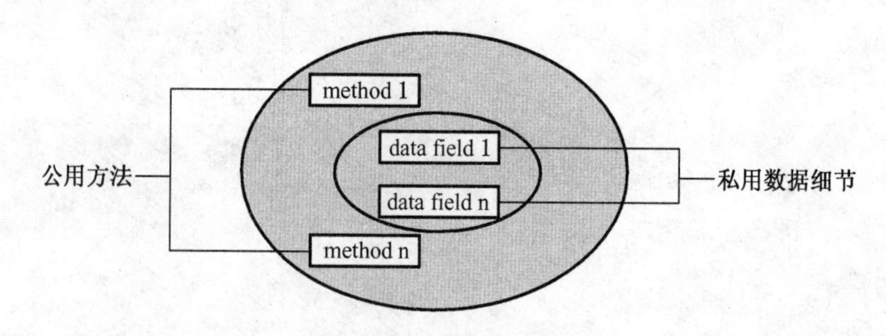

图3.1 软件对象结构

客观世界是由对象和对象之间的联系组成的。单一对象本身并不是很有用处；但一个包含许多对象的较大型程序，可以通过程序中这些对象的交互，达成更高级的功能以及更复杂的行为。例如汽车自己本身并不会产生行为，而是当你(另一个对象)发动汽车，踩油门(交互)后，汽车内部就发生一连串复杂的行为。软件对象是通过传送消息给其他对象来达到交互及沟通的作用，如图3.2所示。

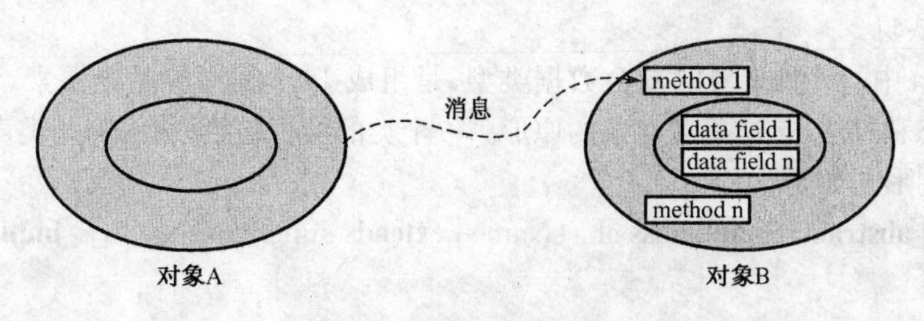

图 3.2 软件对象沟通方式

把众多的事物归纳、划分成一些类是人类在认识客观世界时经常采用的思维方法。分类的原则是抽象。类是具有相同属性和服务的一组对象的集合,它为属于该类的所有对象提供了统一的抽象描述。在面向对象的编程语言中,类是一个独立的程序单位,应该有一个类名并包括属性说明和服务说明两个主要部分。类与对象的关系就如模具和铸件的关系,类的实例化结果就是对象,而一类对象的抽象就是类。

3.1.2 常用术语的含义

对象:对象是由数据字段(变量)及相关方法所组成的软件包(software bundle)。

类:一个类就是一个蓝图或原型,定义了通用于一特定种类的所有对象之变量及方法。

实例:实例(instance)是从一种类里所产生的具有此类状态(变量)与行为(方法)的真实对象。在面向对象程序设计里是用"new"这个关键字来产生实例。以汽车类为例,汽车类有些共同的状态(汽缸排气量、排档数、颜色、轮胎数……)和行为(换档、开灯、开冷气……),但每一台汽车个别的状态及方法可不同且独立于其他汽车。某台汽车只是这世界中许多汽车中的一台,则称这台汽车对象是汽车类中的一个实例(instance)。

消息:消息是向对象发出的服务请求,应该包含下述信息:提供服务的对象标识、服务标识、输入信息和回答信息。服务通常被称为方法或函数。

封装性:OOP 将数据成员(Data Member)和属于此数据的操作方法(operating method)都放在同一个实体(entity)或称对象(object)中,这就是封装。

继承性:特殊类的对象拥有其一般类的全部属性与服务,这称作特殊类对一般类的继承。例如,轮船与客轮,人与大人,客轮是轮船的特殊类,大人是人的特殊类。在 Java 语言中,通常称一般类为父类(superclass,超类),特殊类为子类(subclass)。

多态性:对象的多态性是指一个类或者多个类中,可以让多个方法使用同一个名字。

3.1.3 程序设计过程

面向对象程序设计方法(OOP)主要包含三个方面:面向对象的分析(Object Oriented Analysis, OOA);面向对象的设计(Object Oriented Design, OOD);面向对象的实现(Object Oriented Implementation, OOI)。具体程序设计过程包括以下几个步骤:

- 类的实现
- 对象的生成
- 对象的使用
- 对象的清除

1）类的实现

类是 Java 中的一种重要的复合数据类型，是组成 Java 程序的基本要素。它封装了一类对象的状态和方法，是这一类对象的原形。一个类的实现包括两个部分：类声明和类体。

类的声明形式如下：

[**public**][**abstract**|**final**] **class** className [**extends** superclassName] [**implements** interfaceNameList]

{……}

其中，修饰符 public、abstract、final 说明了类的属性，className 为类名，superclassName 为类的父类的名字，interfaceNameList 为类所实现的接口列表。声明中的黑体部分为 Java 关键字，[]中为可选部分，"|"符号代表多选一。

类体定义如下：

```
class className{
[public|protected|private] [static]
[final] [transient] [volatile] type variableName;        //成员变量
[public|protected|private] [static]
[final|abstract] [native] [synchronized]
returnType methodName([paramList]) [throws exceptionList]
    {statements}                                          //成员方法
}
```

其中，成员变量是指在类体中直接定义的变量（不包含在任何方法当中），成员方法定义了可以在对象上进行的操作，换言之，方法定义了类做什么事情。因此 Java 编程语言中的所有方法都属于一类，而不像 C++程序，其不可能在类之外的全局区域有方法。

其中，修饰符的含义为：

static：为静态变量（类变量），相对于实例变量；为类方法，可通过类名直接调用。

final：修饰变量时，定义为常量；修饰方法时，方法不能被重写；修饰类时，该类不能被其他任何类所继承。

transient：临时变量，用于对象存档。

volatile：可变变量，用于并发线程的共享。

abstract：抽象方法，没有方法体。

native：集成其他语言的代码。

synchronized：控制多个并发线程的访问。

public、protected、private 修饰符的含义将在后面加以介绍。

2）对象的生成

对象的生成包括声明、实例化和初始化。

格式为：

type objectName=new type([paramlist])；

其中，type objectName 为对象的声明部分。

声明并不为对象分配内存空间，只是分配一个引用空间。对象的引用类似于指针，有 32 位地址空间，它的值指向一个中间数据结构，该数据结构存储有关数据类型的信息以及当前对象所在的堆的地址，而对象所在的实际内存地址是不可操作的，这就保证了安全性。

实例化：运算符 new 为对象分配内存空间，它调用对象的构造方法，返回引用。一个类的不同对象占据不同的内存空间。

初始化：执行构造方法，进行初始化。根据参数不同调用相应的构造方法。

3）对象的使用

通过运算符"."可以实现变量的访问和方法的调用。变量和方法可以通过设定访问权限来限制其他对象对其的访问。

调用对象的变量：

格式：objectReference. variable

objectReference 可以是一个已生成的对象，也可以是一个能生成对象的表达式。

例：p. x=10；

tx=new Point(). x；

调用对象的方法：

格式：objectReference. methodName([paramlist])；

例如：p. move(30,20)；

new Point(). move(30,20)；

4）对象的清除

当一个对象不存在引用时，该对象成为一个无用对象。Java 的垃圾收集器自动扫描对象的动态内存区，把没有引用的对象作为垃圾收集起来并释放。格式如下：

System. gc()；

当系统内存用尽或调用 System. gc()请求垃圾回收时，垃圾回收线程与系统同步运行。

值得一提的是，public、protected、private 修饰符不仅可以修饰变量，还可以修饰方法。它们显示了类的属性和服务的类型，或者说提供了四种（第四种是不加任何修饰符）不同变量和方法的访问权限。

要了解这四种访问权限的区别，首先要了解包的概念。如果有若干个类，它们相互之间有一定的关系，那么就可以定义一个包容纳这些类。包不仅仅包含类，还可以拥有接口、构件、节点、协作，同时包内还可以包含包。下面我们分别来看看变量和方法的四种访问权限。

(1) private

类中被限定为 private 的成员只能被这个类本身访问。如果一个类的构造方法声明为 private，则其他类不能生成该类的一个实例。

private 定义的属性和方法只能在本类中使用，举例如程序 3.1 所示。

【程序 3.1】 private 成员的私有特性。

```
class Date
{
    private int day;
    Date(){
        day=1;
    }
    public void setDate(int day)
```

```
        {
            this.day=day;
        }
}
public class DateUser
{
    public static void main(String args[])
    {
        Date mydate=new Date();
        mydate.day=21;          //错误,试图在类外访问私有成员变量
        mydate.setDate(21);     //正确,在类外访问公有成员方法,从而改变私有变量
                                  的值
    }
}
```

在这个程序中,创建了一个 Date 类的对象 mydate,这是可以的;但是由于 Date 类中的 day 是私有变量,所以,创建的这个对象 mydate 不能通过 mydate.day 来访问这个变量。如果在其他类中要使用这个私有变量,那么只能通过 Date 中的 public 方法来访问这个变量,这样,就很好的保证了数据的封装性。读者可以试着再用一个公有方法返回私有变量 day 的值,并用相应输出语句输出,看看 day 的值是否发生了变化。

(2) default

类中不加任何访问权限限定的成员属于缺省(default)访问状态,可以被这个类本身和同一个包中的类所访问。

在程序 3.1 Date 类中的构造方法 Date()并没有定义它的属性,这就意味着它在本包内是 public 的,在外包内是 private 的。但是一旦把它的类型定义为 private,那么连 Date mydate=new Date()也会出错,这是因为构造方法已经被定义为 private 类型,则本包内的其他类也不能访问了。

(3) protected

类中被限定为 protected 的成员可以被这个类本身、它的子类(包括同一个包中以及不同包中的)和同一个包中的所有其他类访问。

说到 protected 就需要了解包的概念。假设有两个类,如 Date 和 DateUser 分别位于不同的包内,而 DateUser 是继承 Date 类的一个类,那么要使 DateUser 中的方法能访问 Date 中的方法或属性,除了需要使用 import 将包导入外,还需要考虑所要访问的方法和属性是什么类型的。一般而言,跨包访问时,public 的方法和属性都一定可以访问,但是如果将需要使用的方法和属性都修改成 public,那么就是允许任何事物访问,不具有安全性,因此添加了 protected。如果将需要访问的方法和属性定义为 protected,那么不在同一个包内的其它类将无法访问,而 Date 类的子类 DateUser 可通过 import 访问这些属性和方法,其既保证了数据的安全性,也保证了数据可以很方便地使用。

【程序 3.2】 使用 protected 成员的例子。

```
//文件 Sample.java
```

```
package a.b;
public class Sample
{
    protected void doing();
}
//文件 Sample1.java
import a.b.*;
public class Sample1 extends Sample
{
    public static void main(String args[])
    {
        Sample1 x=new Sample1();
        x.doing(); //正确,在子类中可以访问保护级成员方法
    }
}
//文件 Sample2.java
import a.b.*;
public class Sample2
{
    public static void main(String args[])
    {
        Sample2 y=new Sample1();
        y.doing(); //错误,不同包中的非子类对象不能访问保护级成员方法
    }
}
```

(4) public

类中限定为 public 的成员可以被所有的类访问。

以上 4 类作用范围如表 3.1 所示。

表 3.1 Java 中类的限定词的作用范围比较

	同一个类	同一个包	不同包的子类	不同包的非子类
private	*			
default	*	*		
protected	*	*	*	
public	*	*	*	*

3.1.4 面向对象程序设计的特点

Java 语言中有三个典型的面向对象(OOP)的特性:封装性、继承性和多态性。

1）封装性(encapsulation)

从软件对象的结构图(图 3.1)可以看到对象的核心是变量,对象的方法包围此核心,使核心对其他对象是隐藏的。将对象的变量置于方法的保护性监护之下称为封装(encapsulation)。封装用来将对其他对象不甚重要的细节隐藏起来。在软件程序中,并不需要知道一个类的完整结构是如何的,只要知道要调用哪一个方法即可。

封装能避免数据成员被不正当的存取,达到信息隐藏(information hiding)的效果。封装相关的变量及方法到一个软件包里,虽然简单但很有效,为软件开发者提供了两个主要的好处:

(1) 模块化(modularity):一个对象的原始文件可以被独立地撰写及维护而不影响其他对象,而且对象可以方便地在系统中来回传递使用。

(2) 信息隐藏(information hiding):一个对象有一个公开的接口可供其他对象与之沟通,而对象的私有的信息及方法可以在任何时间被修改,不影响依赖此对象的其他对象。

Java 中的类本身就是一个封装体,它又进一步被封装在包中。在 3.1.3 节中介绍的类成员的四种访问权限,对类的封装程度作出了明确的限制。

2）继承性(inheritance)

继承性是将一个已有类的数据和方法保留下来,加上特殊的数据和方法,从而构成一个新类。通常称原有类为父类、基类(base class)或超类(superclass);新类为子类、衍生类(derived class)或次类(subclass),子类是继承于父类的。

类继承关系的产生很简单,使用 extends 关键字即可。例如:

```
public class subclass extends superclass
{……}
```


继承的好处:

(1) 可重复利用超类程序代码,这样在撰写次类时,只要针对其所需的特殊状态与行为,提高了程序撰写的效率。

(2) 先写出已定义但尚未实现的抽象超类,这样在设计次类时,只要将定义好的方法实现,节约了时间。

3）多态性(polymorphism)

Java 中的多态有两种形式:一种是编译时多态,意指在同一个类中可有许多同名的方法,但其参数数量与类型(type)不同,而且运行(operation)过程与返回值(return value)也可能不同,也称为方法的重载。

另一种是运行时多态,意指在不同类中可以有同名方法,当然这里的"不同类"必须是父类、子类的关系。如父类中定义的属性或方法被子类继承之后,可以具有不同的数据类型或表现出不同的行为,这使得同一个属性或方法在一般类及其各个子类中具有不同的语义。例如,"几何图形"有"绘图"方法,"椭圆"和"多边形"是"几何图"的子类,其都有"绘图"方法,但功能不同,故也称为子类覆盖父类的同名方法。

在 Java 里,polymorphism 指在运行时间(runtime)中,可决定使用哪一个多态方法的能力。多态性的好处是在扩展了 Java 方法命名空间的同时,提高了方法调用的动态性和灵活性。

3.2 Java语言的面向对象程序设计

3.2.1 域

Java中类的成员均具有自己的作用域。每个成员域的范围跟其所在区块的范围和成员修饰符密切相关。在第二章中已经介绍了两类成员变量(类变量、实例变量)的域,这里重点介绍方法的域。

类方法也是用static修饰的,相当于非面向对象语言中的全局方法、函数(global method、function)。

使用类方法有一点要特别注意,那就是在类方法中只能使用类字段与类方法,也就是只能使用static修饰的字段与方法,而不能使用其余的实例变量。如果一定要用的话,则需用〔对象〕.〔数据〕的方式。这一点是编写Java程序时容易出错的地方。在下面的轿车范例中,假设我们想将System.out.println()的几个方法放在main()里。

【程序3.3】 在类方法中使用普通类成员的例子。

```
import java.awt.Color;
public class Sedan extends Car{
int color=Color.red;
static int gearNum=5;
String tiretype="BridgeStone185ST";
float engine=1598.5f;
public void shiftgear(){System.out.println("轿车换档方式:自排"+gearNum+"文件");} //换档
public void brake(){System.out.println("水压式煞车系统");} //煞车
public static void main(String args[]){
      Sedan sedan=new Sedan(); //产生实例
      System.out.println("轿车颜色:"+sedan.color);
      System.out.println("轿车排档数:"+gearNum);
      System.out.println("轿车轮胎型号:"+sedan.tiretype);
      System.out.println("轿车排气量:"+sedan.engine);
      sedan.shiftgear();
      sedan.brake();
}
}
```

假如我们没有用sedan.[]的方式,则编译会出现错误:

non-static variable color cannot be referenced from a static context

non-static variable tiretype cannot be referenced from a static context

non-static variable engine cannot be referenced from a static context

因为这几个变量没有被声明为static,所以是实例变量;而因为gearNum是static,所以

不会产生错误。

实例方法同样是指那些没有用 static 修饰的方法。实例方法可以使用类中所有的字段与方法，也就是类的所有成员，不管是不是 static。类方法与实例方法的不同运用是面向对象程序设计的一大特点，即实例方法可以使用该实例对象的引用关键字 this；而类方法不行。

例如在轿车类的 shiftgear()方法里，用

public void shiftgear(){System. out. println("轿车换档方式：自排"+this. gearNum+"档");}

是可以的。

但是用 sedan. gearNum 的方式，则出现 error：

public void shiftgear(){System. out. println("轿车换档方式：自排"+sedan. gearNum+"档");}

cannot resolve symbol：variable sedan

这是因为 sedan 被声明在静态(类)方法 main()中，是一种局部变量，只能在 main()里使用。若将 sedan 的声明放在程序最前面的变量声明区，就可以使用，因为此时 sedan 成了实例变量。

3.2.2 方法

在一个类中，程序的作用体现在方法中。方法也就是我们在 C 或 C++中所说的函数，是 Java 创建一个有名字的子程序的办法。在 C 及 C++语言里，函数与过程有点类似，二者的写法相同，都是一段程序代码。当程序调用函数或过程时，程序控制权便会交给它们，等到其内部的程序代码执行完毕，又将控制权交回函数或过程本身。但二者的不同在于：过程的返回值类型为 void，即不返回任何值；而函数有返回值，类型不为 void。但 Java 是完全对象化的语言，不允许单独的过程与函数存在，因而在 Java 中不使用函数与过程，而是使用方法。方法必须存在一类(对象)中。

Java 方法的实现包括两部分内容：方法声明和方法体。实现形式如下：

```
[public|protected|private] [static]
[final|abstract] [native] [synchronized]
returnType methodName([paramList])
[throws exceptionList]              //方法声明
{statements}                        //方法体
```

方法声明中的限定词的含义：

static：类方法，可通过类名直接调用

abstract：抽象方法，没有方法体

final：方法不能被重写

native：集成其他语言的代码

synchronized：控制多个并发线程的访问

[throws exceptionList]子句：一个运行时错误(异常)被报告到调用的方法中，以便以合适的方式处理它。运行时错误(异常)在 Exception 类中有规定，在第 4 章中将做详细

介绍。

方法声明包括方法名、返回类型和外部参数。其中参数的类型可以是简单数据类型，也可以是复合数据类型(引用数据类型)。

方法体是对方法的实现，它包括局部变量的声明以及所有合法的Java指令。方法体中声明的局部变量的作用域在该方法内部。

对于简单数据类型来说，Java实现的是值传递，方法接收参数的值，但不能改变这些参数的值。如果要改变参数的值，则用引用数据类型，因为引用数据类型传递给方法的是数据在内存中的地址，则方法中对数据的操作可以改变数据的值。

【程序3.4】 简单数据类型与引用数据的区别。

```
public class PassTest{
    float ptValue;
    public static void main(String args[]){
        int val;
        PassTest pt=new PassTest();
        val=11;
        System.out.println("Original Int Value is:"+val);
        pt.changeInt(val);              //值参数
        System.out.println("Int Value after Change is:"+val);
                                        /*对值参数值的修改,没有影响值参数的值*/
        pt.ptValue=101f;
        System.out.println("Original ptValue is:"+pt.ptValue);
        pt.changeObjValue(pt);          //引用类型参数
        System.out.println("ptValue after Change is:"+pt.ptValue);
                                        /*对引用类型参数值的修改,改变了引用参数
                                        的值*/
    }
    public void changeInt(int value){
        value=55;                       //在方法内部对值参数进行了修改
    }
    public void changeObjValue(PassTest ref){
        ref.ptValue=99f;                //在方法内部对引用类型参数进行了修改
    }
}
```

执行结果为：

```
Original Int Value is: 11
Int Value after Change is: 11
Original ptValue is: 101f
ptValue after Change is: 99f
```

3.2.3 构造方法

构造方法是一个特殊的方法。主要功能是定义一些初值或做内存配置工作。Java 中的每个类都有构造方法,用来初始化该类的对象。如果程序中没有定义构造方法,则创建对象时使用的是系统中的缺省构造方法,它是一个无内容的空函数。系统在产生对象时会自动执行构造方法。构造方法具有以下三个重要特性:

① 构造方法具有和类名相同的名称,而且不返回任何数据类型。

② 重载经常用于构造方法。即一个类可以有多个构造方法,根据参数的不同决定执行哪一个。

③ 构造方法只能由 new 运算符调用。因为构造方法的特殊性,它不允许程序员按通常调用方法的方式来调用。

【程序 3.5】 创建构造方法的例子。

```
class Point{
    int x, y;
    Point(){
        x=0; y=0;
    }
    Point(int x, int y){
        this.x=x;
        this.y=y;
    }
}
```

Point 类中包含了两个同名的构造方法,一个是不带参数的 Point(),另一个是带两个参数的 Point(int x, int y)。两个构造方法都完成了对成员变量的赋初值,可以根据需要调用其中之一。【程序 3.6】实现了对 Point 类中构造方法的调用。

【程序 3.6】 调用构造方法的例子。

```
class UsePoint
{    Point point_A=new Point();
     Point point_B=new Point(5, 7);
}
```

值得注意的是,构造方法不能说明为 native、abstract、synchronized 或 final,也不能从父类继承构造方法,每个类都有自己的构造方法。

3.3 方法的使用和对象数组

3.3.1 调用方法

Java 中根据方法的类别:类方法和实例方法,可以采用多种调用形式。

类的 static 方法,可直接用该类的名称,按下面方法来调用:

〔类名称〕.〔静态方法〕

〔类名称〕.〔静态字段〕.〔静态方法〕

例如:

String password=System. getProperty("user. password");

System. out. println();

对实例方法的访问则相对复杂,必须先创建相应的对象,然后由对象来调用实例方法,形如〔对象〕.〔方法〕。

例如:Sedan sedan=new Sedan();

    sedan. shiftgear();

以上的调用均是在类方法中进行;如果是在实例方法中调用类方法或实例方法则简单的多,可以采用直接调用的方法。

程序中调用一个方法的所在位置,通常在类方法或实例方法中。而方法调用的写法要看被调用方法所在的位置。被调用的方法有可能就在这个类中,也有可能在超类或其他类中。现将方法调用的各种情形分类整理如表 3.2 所示。

表 3.2 方法调用情形分类整理表

			调用方法的所在位置	
			类方法	实例方法
被调用方法	本类	类方法 A	直接调用:〔类方法 A〕或 〔本类实例〕.〔类方法 A〕 但不能用 this	直接调用:〔类方法 A〕或 〔this〕.〔类方法 A〕
		实例方法 B	〔本类实例〕.〔实例方法 B〕 但不能用 this,也不能直接调用	直接调用:〔实例方法 B〕或 〔this〕.〔实例方法 B〕
	超类/其他对象	类方法 C	〔超类实例〕.〔类方法 C〕/ [其他对象实例].[类方法 C]	〔超类实例〕.〔类方法 C〕或 [super].〔类方法 C〕/ [其他对象实例].[类方法 C]
		实例方法 D	〔超类实例〕.〔实例方法 D〕/ [其他对象实例].[实例方法 D]	〔超类实例〕.〔实例方法 D〕或 [super].〔实例方法 D〕 /[其他对象实例].[实例方法 D]

表 3.2 的原则是:

(1) this 与 super 不能用在由 static 修饰的类方法里,否则会产生编译错误信息:

non-static variable this cannot be referenced from a static context

non-static variable super cannot be referenced from a static context

(2) 在类方法中可直接调用本类方法,但不可直接调用实例方法。

(3) 在实例方法中可直接调用本类中的类方法与实例方法。

(4) this 与 super 能用在实例方法中。

(5)〔xx 实例〕.〔xx 方法〕的方式可用于任何情况。

【程序 3.7】 通过下面的例子了解几种调用方法的使用。

```
public class Member
```

```
{
    static int classVar;
    int instanceVar;
    static void setClassVar(int i){
        classVar=i;
    }
    void setInstanceVar(int i){
        instanceVar=i;
        setClassVar(30);
    }
    public static void main(String args[]){
        setClassVar(10);
        System.out.println("The value of classVar is:"+classVar);
        Member.setClassVar(20);
        System.out.println("The value of classVar is:"+classVar);
        Member siv=new Member();
        siv.setInstanceVar(40);
        System.out.println("The value of classVar is:"+classVar);
        System.out.println("The value of instanceVar is:"+siv.instanceVar);
    }
}
```


执行结果为：

```
The value of classVar is: 10
The value of classVar is: 20
The value of classVar is: 30
The value of instanceVar is: 40
```

3.3.2 访问方法

对一个 Java 方法进行访问时，必须考虑两大因素：一个是该方法是否有参数，如果有，参数的类型和数量又是什么；另一个是该方法是否有返回值，返回值的类型是什么。

首先可以根据方法是否有返回值决定方法的访问方式。当方法无返回值，即返回值为 void 类型时，我们可以采用执行语句来访问方法，如"System.out.println("");"。而当方法有返回值时，则把方法作为表达式的一部分实现访问，如"double s=area(3.5, 4.0);"。

访问一个带参数的方法时尤其值得注意的是：实际参数和定义中的参数列表必须对应（包括参数类型和数量）！方法的参数类型主要有三种：简单数据类型、引用类型和数组类型。其中，简单数据类型和引用类型的传参情况在 3.2.2 节的【程序 3.4】中已说明。下面举例说明数组作为参数的情况。

【程序 3.8】 用数组作为参数的方法访问例子。

```
public class ArrayParameters
```

```
{
    //
    public static void main(String[] args)
    {
        double[] data={9.0, 56.0, 78.0, 35.0, 36.0};
        PrintA(data);
        ElemSqrt(data);
        PrintA(data);
    }
    //输出数组各元素
    static void PrintA(double[] array)
    {
        for(int i=0;i<array.length;i++)
            System.out.print(array[i]+"\t");
            System.out.println();
            System.out.println();
    }
    //数组各个元素开方
    static void ElemSqrt(double[] array)
    {
        for(int i=0;i<array.length;i++)
            array[i]=Math.sqrt(array[i]);
    }
}
```

方法的参数是数组时，访问方法向被访问方法传递数组的地址。实际参数的数组名与方法定义中形式参数的数组名不同，但是指向内存的同一连续存储区，所以被访问方法通过传递来的地址，可以改变访问方法开辟的数组内的元素值。

3.3.3 方法重载

在某些情况下，可能要在同一个类中写几种做同样工作但带有不同参数的方法，3.2.3节中Point类的构造方法就是这种情况，现在再考虑一个简单方法——文本输出方法println()。

假设打印int、float、String类型需要不同的打印方法，因为各种数据类型要求不同的格式，而且可能要求不同的处理。这时可以创建三种方法，即printInt()，printfloat()和printString()，但这没有效率。

Java允许对不止一种方法重用一个方法名称，只有当某个参数能区分实际上需要哪种方法并去调用它时，这种方法才能起作用。在需要三种打印方法的情况下，可在参数的数量和类型上进行区分。

通过重用方法名称，可用下述方式实现：

```
public void println(int i)
public void println(float f)
public void println(String str)
```

当写代码来调用这些方法中的一种时，可根据提供的参数类型选择合适的一种方法。

有两个规则适用于重载方法：

① 调用语句的参数表必须有足够的不同，以便正确的方法被调用。正常数据类型的转换（如单精度类型 float 转换成双精度类型 double）的应用，可能会导致某些条件下的混淆。

② 重载的方法可以有不同的返回类型，但仅使用返回类型不能辨别是哪个方法。当 Java 程序遇到调用重载方法时，它仅仅执行与调用参数匹配的那个方法。

【程序 3.9】 一个方法重载的例子。

```
class OverloadDemo{
    void test(){
        System.out.println("No parameters");
    }
    void test(int a){
        System.out.println("a:"+a);
    }
    void test(int a,int b){
        System.out.println("a and b:"+a+" "+b);
    }
    void test(double a){
        System.out.println("double a:"+a);
    }
}
```

下面的例子调用了重载 test()方法。

```
class Overload{
    public static void main(String args[]){
        OverloadDemo ob=new OverloadDemo();
        //call all versions of test()
        ob.test();
        ob.test(10);
        ob.test(10, 20);
        ob.test(123.4);
    }
}
```

执行结果为：

```
No parameters
a: 10
```

a and b：10 20
double a：123.4

3.3.4 this

关键字 this 用来指向当前对象或类实例。下面的 this.day 指的是当前对象的 day 字段。

```
public class MyDate{
    private int day, month, year;
    public void tomorrow(){
        this.day=this.day+1;
    }
}
```

Java 编程语言自动将所有实例变量和方法引用与 this 关键字联系在一起,因此,使用 this 关键字在某些情况下是多余的。下面的代码与上一段代码是等同的。

```
public class MyDate{
    private int day, month, year;
    public void tomorrow(){
        day=day+1;
    }
}
```

但要将自己这个对象当作参数,传送给别的对象中的方法时,必须使用 this 关键字。例如:

```
class ThisClass
{   public static void main()
    {   Bank bank=new Bank();
        bank.someMethod(this);
    }
}
```

另外,若局部变量与类的成员变量同名,则类的成员变量被隐藏。为了让类的成员变量在局部范围内仍然有效,且与同名局部变量相区别,需使用关键字 this。

【程序 3.10】 this 使用的例子。

```
import java.io.*;
class Variable{
    int x=0, y=0, z=0;                    //类的成员变量
    void init(int x, int y){
        this.x=x; this.y=y;
        int z=5;                          //局部变量
        System.out.println("**in init**");
        System.out.println("x="+x+" y="+y+" z="+z);
```

```
        }
    }
    public class VariableTest{
        public static void main(String args[]){
            Variable v=new Variable();
            System.out.println("**before init**");
            System.out.println("x="+v.x+" y="+v.y+" z="+v.z);
            v.init(20,30);
            System.out.println("**after init**");
            System.out.println("x="+v.x+" y="+v.y+" z="+v.z);
        }
    }
```

执行结果为:

```
**before init**
x=0 y=0 z=0
**in init**
x=20 y=30 z=5
**after init**
x=20 y=30 z=0
```

可见局部变量 z 和类成员变量 z 的作用域是不同的。这里用到了 this 是因为 init()方法的参数名与类的成员变量 x、y 的名字相同,而参数名会隐藏成员变量,在方法中为了区别参数和类的成员变量,就必须使用 this。this 用在一个方法中引用当前对象,它的值是调用该方法的对象,返回值须与返回类型一致,或者完全相同,或是其子类;当返回类型是接口时,返回值必须实现该接口。

3.3.5 对象比较和对象数组

1) 对象实例的比较

在对 Java 中对象进行比较之前,首先要明确对象和对象引用之间的不同。

对象:这里指对象实例,也就是一段内存空间,在 new Object()时分配。

对象引用:其本身不是对象,而是对象实例的引用(可理解为指向对象实例内存地址的指针)。

假设现有类 Apple,为其创建对象"Apple a=new Apple();",这里 a 只是对象引用,也就是对象引用类型变量,它可以引用 Apple 及其子类的对象实例;new Apple()分配的那段地址空间才是真正的对象。

在 Java 中判等的方法主要有两种:关系符"=="和方法"equals",关键要掌握的是使用这两种方法实现的是对象间的比较,还是对象引用间的比较。下面举例说明:

```
Apple a=new Apple();
a.setId(9527);
Apple b=new  Apple();
```

b. setId(9527);

Apple c=b;

a==b:比较 a、b 两个对象引用(a、b 不是对象实例)是否引用同一个对象实例(可理解为是否指向同一段内存空间),可以有以下结论:a==b 为 fasle,而 b==c 为 true。

如果用 a. equals(b)进行比较,则分两种情况:

(1) 如果类 Apple 没有重写继承自 Object 基类的 equals 方法,那么和"=="一样,比较是否引用同一个对象实例,即只是比较两个对象引用, 而非比较两个对象实例。

(2) 如果重写了 equals 方法,就要按照 Apple 类 equals 方法的实现逻辑比较。常规的做法是:重写 equals 方法,让它判断 a, b 的值是否相等,下面举例说明:

```
public boolean equals(Object otherobj){
    //检查 otherobj 是否为空
    if(otherobj==null) return false;
    //检查 otherobj 是否就是当前对象
    if(otherobj==this) return true;
    //检查 otherobj 是否具有正确的类型, 即检查是否可与当前对象比较
    if(! (otherobj instanceof Applet)) return false;
    //将 otherobj 转换为 Applet 类的对象引用
    Apple tmpObj=(Apple)otherobj;
    //关于对象实例值是否相等的逻辑检查
    if(this. id==tmpObj. id) return true;
    return false;
}
```

不管怎样, 如果需要比较 Applet 类的对象(例如要将它们放入对象容器),应该为 Applet 类重定义 equals()方法。

下面举一个对象比较的完整示例。

【程序 3.11】 判定对象等价的完整示例。

```
class Compare
{
    public static void main(String args[])
    {
        String str1=new String("abc");
        String str2=new String("abc");
        String str3=str1;
        if(str1==str2)
            System. out. println("str1=str2");
        else
            System. out. println("str1! =str2");
        if(str1==str3)
            System. out. println("str1=str3");
```

```
        else
            System.out.println("str1! =str3");
    }
    if(str1.equals(str2))
        System.out.println("str1 equal str2");
    else
        System.out.println("str1 not equal str2");
    if(str1.equals(str3))
        System.out.println("str1 equal str3");
    else
        System.out.println("str1 not equal str3");
    }
}
```

2）对象数组

每个对象都是引用类型。声明和使用引用类型的数组与声明和使用任何数据类型的数组并无不同。数组的元素可以通过索引进行检索，并且可以像处理给定类型的任何对象一样进行处理。

数组还有用于搜索和排序的内置功能，可以通过数组变量访问这些功能。这些方法的更多信息，可参见数组类 Array 的介绍。

(1) 创建一维对象数组

声明数组如下：

```
type arrayName[];
type[]arrayName;
```

示例如下：

```
char s[];           //声明字符型数组 s,也可写作 char[]s;
Point points[];     //声明对象数组 points,也可写作 Point[]points;
```

数组名加上下标可以表示数组元素。数组的第一个元素是下标为 0 的元素，例如 points[0]；最后一个元素的下标为 length－1，如 points[points.length－1]。

注意：Java 中的数组均是动态数组，因此在声明数组时通常不指定数组长度，而是在具体创建时给出，方法如下：

```
s=new char[5];
point=new Point[10];
```

也可以将声明和创建过程合并为一条语句：

```
char s[]=new char[5];
Point points []=new Point[10];
```

当创建一个数组时，每个元素都被自动初始化。如前面创建的字符数组 s，它的每个值被初始化为 0(\0000)；而数组 points 的每个值被初始化为 null，表明它还没有指向真正的 Point 对象。要让系统创建一个真正的 Point 对象，并让数组的第一个元素指向它，还需要下列赋值语句：

points[0]=new Point();

points[1]=new Point();

……

points[9]=new Point();

注意:包括数组元素在内的所有变量的初始化从系统安全角度看都是必不可少的,任何变量都不能在没有被初始化状态下使用。编译器不能检查数组元素的初始化情况。

数组的初始化分为静态初始化和动态初始化两种,静态初始化可用于任何元素类型,初值块中每个位置的每个元素对应一个引用。对复合数据类型数组进行动态初始化分配空间时,必须经过两步:首先,为数组开辟每个元素的引用空间;然后,为每个数组元素开辟空间。

Java 静态初始化就是用初值来创建数组:

```
String names[]={
    "Georgianna",
    "Tenn",
    "Simon",
    "Tom"
};
```

其中用 4 个字符串常量初始化 names 数组。注意:Java 语言中,把字符串作为对象来处理,类 String 和 StringBuffer 都可以用来表示一个字符串。与上例相对应的动态初始化方法如下:

```
String names[];
names=new String[4];
names[0]="Georgianna";
names[1]="Tenn";
names[2]="Simon";
names[3]="Tom";
```

(2) 创建二维对象数组

Java 语言中,多维数组被看作数组的数组。

二维数组的定义:

type arrayName[][];

type[][]arrayName;

二维数组的初始化:

① 静态初始化

int intArray[][]={{1, 2}, {2, 3}, {3, 4, 5}};

Java 语言中,由于把二维数组看作是数组的数组,数组空间不是连续分配的,所以不要求二维数组每一维的大小相同。

② 动态初始化

a) 直接为每一维分配空间,格式如下:

arrayName=new type[arrayLength1][arrayLength2];

例如:int a[][]=new int[2][3];或 int a[][]=new int[2][];

Line lines[][]=new Line[10][10];

b) 从最高维开始,分别为每一维分配空间:

```
arrayName=new type[arrayLength1][];
arrayName[0]=new type[arrayLength20];
arrayName[1]=new type[arrayLength21];
……
arrayName[arrayLength1-1]=new type[arrayLength2n];
```

二维简单数据类型数组的动态初始化如下,:

```
int a[][]=new int[2][];
a[0]=new int[3];
a[1]=new int[5];
```

对二维对象数组,必须首先为最高维分配引用空间,然后再顺次为低维分配空间。而且,必须为每个数组元素单独分配空间。

例如:

```
String s[][]=new String[2][];
s[0]=new String[2];            //为最高维分配引用空间
s[1]=new String[2];
s[0][0]=new String("Good");    //为每个数组元素单独分配空间
s[0][1]=new String("Luck");
s[1][0]=new String("to");
s[1][1]=new String("You");
```


(3) 对象数组的强制转换问题

Java 子类对象可以强制转换为父类对象,但是子类对象数组不能强制转换为父类对象数组。

```
public void test(Number n){…}
test(new Float(2)); //这是正确的,因为 Number 类是所有数字封装类(如 Float 类、
                      Integer 类)的父类,子类对象作参数可强制转换为父类对象
public void test2(Number n[]){…}
Float t[]={new Float(5), new Float(2)};
test2(t);            //这里编译不能通过,会出现不可转换的类型错误
```

3.4 类的继承和多态

3.4.1 类继承的概念

Java 通过继承实现代码复用。Java 中所有的类都是通过直接或间接继承 java.lang.Object 类得到的。继承得到的类称为子类,被继承的类称为父类。子类不能继承父类中访问权限为 private 的成员变量和方法,但可以重写父类的方法及命名与父类同名的成员变量。Java 不支持多重继承,即一个类从多个父类派生。

Java 的单继承性(一个类从一个唯一的类继承)使代码更可靠。其界面提供多继承性的好处,但没有多继承的缺点。

类继承关系不只是一层,而是可以有好几层。这种树状关系,称作类层级(class hierarchy)。层级数可依照实际需要而定(见图 3.3)。

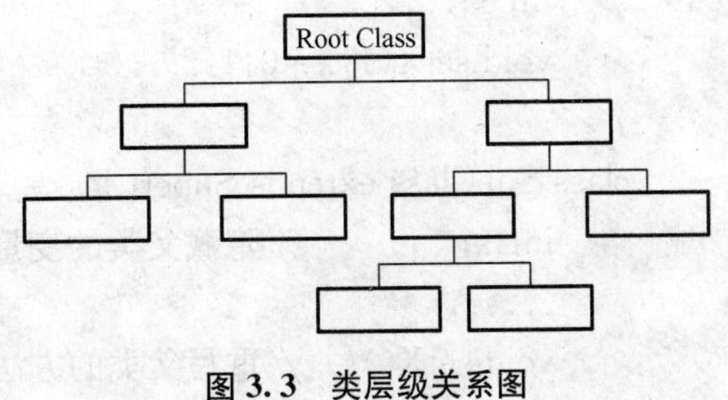

图 3.3 类层级关系图

次类(子类)继承了超类(父类)的变量及方法,如此便可重复使用所继承的超类的变量及方法,这就是继承的好处。不仅如此,次类可增加自己的变量及方法。例如在出租车中增加一个无线电调用方法,或是在轿车里增加一个卫星导航方法,都是按类特殊的需要来加的。因此愈下层的类,其行为愈特殊。

3.4.2 类继承的实现

在面向对象语言中,提供了特殊的机制,允许程序员用以前定义的类来定义一个新类,用关键字 extends 来实现。格式如下:

```
class SubClass extends SuperClass{
    ......
}
```

关键字"extends"后跟所继承的父类名。下面举一个类继承的实例:

```
public class Employee{
    String name;
    Date hireDate;
    Date dateOfBirth;
    String jobTitle;
    int grade;
    ......
}
public class Manager extends Employee{
    String department;
    Employee [] subordinates;
    ......
}
```

其中,Manager 类被定义具有 Employee 所拥有的所有变量及方法,程序员需要做的是定义额外特征或规定变化。这是在维护和可靠性方面的一个伟大进步。在 Employee 类中进行修改,Manager 类会自动修改,不需要程序员做除了对它进行编译以外的任何工作。

子类通过隐藏父类的成员变量和重写父类的方法,可以把父类的状态和行为改变为自身的状态和行为。

例如:

```
class SuperClass{
```

```
    int x;......
    void setX(){x=0;}......
}
class SubClass extends SuperClass{
    int x;           //隐藏父类的变量 x
    ......
    void setX(){  //重写父类的方法 setX()
        x=5;}.......
}
```

注意:子类中重写的方法和父类中被重写的方法要具有相同的名字、相同的参数表和相同的返回类型,只是函数体不同。

重写方法的调用原则:Java 运行时,系统根据调用该方法的实例,来决定调用哪个方法。对子类的一个实例,如果子类重写了父类的方法,则运行时系统调用子类的方法;如果子类继承了父类的方法(未重写),则运行时系统调用父类的方法。

在【程序 3.12】中,父类对象 a 引用的是子类的实例,所以,Java 运行时调用子类 B 的 callme 方法。

【**程序 3.12**】 关于继承性的例子。

```
class A{
    void callme(){
        System.out.println("Inside A's callme()method");
    }
}
class B extends A{
    void callme(){
        System.out.println("Inside B's callme() Method");
    }
}
public class Dispatch{
    public static void main(String args[]){
        A a=new B();
        a.callme();
    }
}
```

执行结果是:

Inside B's callme() Method

方法重写时应遵循的原则:

(1) 重写后的方法不能比被重写的方法有更严格的访问权限(可以相同)。

(2) 重写后的方法不能比被重写的方法产生更多的异常。

3.4.3 super

super 用来引用当前对象的父类,Java 中通过 super 来实现对父类成员的访问。super 的使用有三种情况:

(1) 访问父类被隐藏的成员变量,如 super. variable;

(2) 调用父类中被重写的方法,如 super. Method([paramlist]);

(3) 调用父类的构造函数,如 super([paramlist]);

【程序 3.13】 super 使用的例子。

```
package inheritance;
class SuperClass{
    int x;
    SuperClass(){
        x=3;
        System.out.println("in SuperClass: x="+x);
    }
    void doSomething(){
        System.out.println("in SuperClass.doSomething()");
    }
}
class SubClass extends SuperClass{
    int x;
    SubClass(){
        super();                        //调用父类的构造方法
        x=5;                            //super() 要是方法中的第一句
        System.out.println("in SubClass:x="+x);
    }
    void doSomething(){
        super.doSomething();            //调用父类的方法
        System.out.println("in SubClass.doSomething()");
        System.out.println("super.x="+super.x+" sub.x="+x); //调用父类的
                                                              变量

    }
}
public class Inheritance{
    public static void main(String args[]){
        SubClass subC=new SubClass();
        subC.doSomething();
    }
}
```

执行结果为：

```
in SuperClass：x=3
in SubClass：x=5
in SuperClass.doSomething()
in SubClass.doSomething()
super.x=3 sub.x=5
```

和前面介绍的 this 关键字一样，用 static 修饰的类成员是不能用 super 调用的。

3.4.4 类的多态

在 Java 语言中，多态性体现在两个方面：方法重载实现的静态多态性（编译时多态）和方法重载实现的动态多态性（运行时多态）。

1）编译时多态

在编译阶段具体调用哪个被重载的方法，编译器会根据参数的不同来静态确定。这种类型的多态在 3.3.3 节中已经做了详细介绍。

2）运行时多态

由于子类继承了父类所有的属性（私有的除外），所以子类对象可以作为父类对象使用。程序中凡是使用父类对象的地方，都可以用子类对象代替。一个子类对象可以通过父类引用变量来调用子类的方法。一个对象只有一个格式（即在构造时确定的），但是，既然变量能指向不同格式的对象，那么变量就是多态性的。例如雇员和经理类的实例：

```
public class Employee{
    String name;
    Date hireDate;
    Date dateOfBirth;
    String jobTitle;
    int grade;
    void raiseSalary(){…}
    void fire(){…}
}
public class Manager extends Employee{
    String department;
    Employee [] subordinates;
    void raiseSalary(){…}
    void fire(){…}
}
```

父类雇员类中的方法 raiseSalary()和 fire()被子类经理类重写后，可以通过父类引用变量调用：

```
Employee e=new Manager();
e.raiseSalary();
e.fire();
```

需要注意的是：使用父类变量 e 能访问的对象部分只是 Employee 的一个部分，其中的 Manager 的部分是隐藏的。这是因为 e 是一个 Employee，而不是一个 Manager。因而，下述情况是不允许的：

```
e.department="Finance"; //不合法
```

由于能使用引用将子类对象传递到它们的父类引用中，故需要了解实际传值时，将使用 instanceof 运算符。假设类层次被扩展，那么就能得到：

```
public class Employee extends Object
public class Manager extends Employee
public class Contractor extends Employee
```

如果通过 Employee 类型的引用接受一个对象，那么传递过来的子类对象可以是 Manager 或 Contractor，用 instanceof 测试如下：

```
public void method(Employee e){
    if(e instanceof Manager){
        //Get benefits and options along with salary
    }else if(e instanceof Contractor){
        //Get hourly rates
    }else{
        //regular employee
    }
}
```

在使用父类的一个引用时，可以通过使用 Instanceof 运算符来判定该对象实际上是否是所要的子类，并可以用类型转换的办法来恢复该引用对象的全部功能。

```
public void method(Employee e){
    if(e instanceof Manager){
        Manager m=(Manager)e;
        System.out.println("This is the manager of"+m.department);
    }
    //rest of operation
}
```

如果不用强制类型转换，那么引用 e.department 的尝试就会失败，因为编译器不能将 department 成员定位在 Employee 类中。

如果不用 instanceof 做测试，会有类型转换失败的危险。

向上强制类型转换总是允许的，而且事实上不需要强制类型转换运算符，可由简单赋值实现。

对于向下类型转换，编译器必须满足类型转换是可能的条件。比如，任何将 Manager 引用类型转换成 Contractor 引用类型的尝试是肯定不允许的，因为 Contractor 不是一个 Manager。即转换成的类必须是当前引用类型的子类。

如果编译器允许类型转换，那么，该引用类型就会在运行时被检查。此时如果 instanceof 检查从源程序中被省略，而被类型转换的对象实际上不是它应被转换的类型，那么，就会发生一个运行时错误(exception)。

3.5 包和访问控制符

3.5.1 包

Java 将其应用程序接口 API(Application Program Interface)中相关的类及接口组织成一个包(package)。这些 class 和 interface 之间不需要有明确、密切的关系,如继承等,但一般它们共同工作,可访问彼此的成员。

Java 中的包使类和接口的组织更加合理,它的优势主要体现在以下几个方面:

(1) 使其他编程人员可以轻易地看出程序中类和接口的相关性,提高了程序的可读性。比如要编写一个绘图程序,其中有圆、矩形等图形类,还有一个用于鼠标拖动的接口,它们分别存放在不同的 Java 文件中:

```
//Graphic.java 文件
public abstract class Graphic{...}
//Circle.java 文件
public class Circle extends Graphic implements Draggable{...}
//Rectangle.java 文件
public class Rectangle extends Graphic implements Draggable{...}
//Draggable.java 文件
public interface Draggable{...}
```


如果把这些类和接口打成一个包,那么阅读程序的人就能很方便的了解所有这些类和接口之间的联系,使程序更加易于理解。

(2) 使一个包中的类名不会和其他包中的类名相冲突。因为每个包有自己的命名空间,两个类如果名字相同,只要所属的包不同,Java 就会认为它们是不同的类。这样在命名类时,只需要注意不和同一个包里的类重复就可以了。

(3) 可以让包中的类相互之间有不受限制的访问权限,与此同时这个包以外的其他类在访问时仍然受到严格限制。在第二章学习过类中成员具有限制访问权限的修饰符,其中 protected 修饰的成员能够被同一个包中的类及不同包中的子类访问,而不同包中的非子类不能访问;同样,不加任何修饰符的成员只能被同一个包中的类访问,不同包中的类不能访问。由此可见,包对类中成员的安全性也起到一定保护作用。

包的创建很简单,只要在定义类或接口的源文件的开始加入"package"关键字和包名,就将后面的类或接口放到包里了。包名称是分层的,由圆点分隔。

包定义的格式为:

```
package pkg1[.pkg2[.pkg3...]];
```

例如要把 Circle 类放入绘图功能包 graphics 当中,就可以通过下列方法:

```
//Circle.java 文件
package graphics;
public class Circle extends Graphic implements Draggable{...}
```

如果两个Java源文件的开头定义有相同名称的包，则意味着这两个源文件中的所有类和接口属于同一个包。

Java中包的创建有以下几点需要注意：

① package说明必须是非注释非空行的第一行。只允许有一个包声明并且控制整个源程序文件。

② 每一个class在编译的时候被指定属于某一特定的package，package的命名要注意唯一性，可以用WWW域名加自定义包名来命名，这是因为Java包的命名必须唯一，因此Java建议以公司或自己的域名作为包名（域名肯定是独一无二的）。包的命名方法是将域名去除开头的“www”，再将分隔点前后内容颠倒过来，后面加上包的功能名，作为包的全名。假设域名是“www.myjavasite.com”，那么可以将所有的包都以“com.myjavasite”开头；对于绘图功能包，全名是package com.myjavasite.graphics；

③ 如果一个package也未指定，则所有的class都被组合到一个未命名的缺省package中，不能被其他包中的类引用。

每个包对应一个同名的路径，此包中所有class编译生成的.class文件都在此目录中，此目录在Java源文件编译过后自动产生。如绘图功能包中的类文件会由系统自动放置在路径\com\myjavasite\graphics下。查寻类文件包目录树的根目录需要使用CLASSPATH环境变量，缺省为当前路径，可使用set命令修改set classpath=%classpath%；c:\java\myclasses。此时，绘图功能包中的类文件被放置在c:\java\myclasses\com\myjavasite\graphics下。

3.5.2 常见的系统包

接下来介绍Java提供的应用程序接口中有哪些packages可使用；这些packages是如何组织的；每一package里的interface、class、method之间的关系又是如何。

可以通过http://java.sun.com/j2se/1.5.0/docs/api/获得标准版的API文档。文档中以树状目录的形式给出了所有系统包，包中的类、接口以及类和接口中的属性、方法。Java标准版API文档页面如图3.4所示。

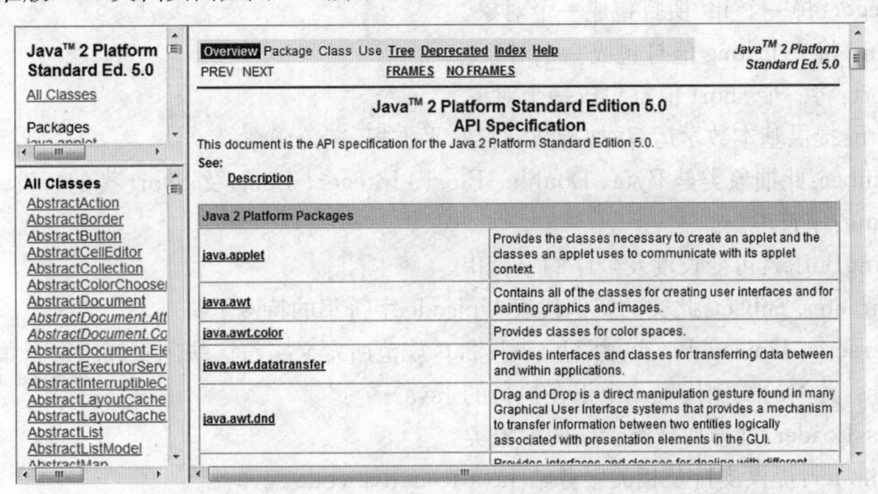

图3.4 Java标准版API文档页面

API文档中包含所有Java标准包，其中有些还可能包含子包。每个包对应一个链接，点击可进入该包的介绍界面。现将这些包分组如表3.3所示。

表3.3 Java标准包分组表

基本类	图形接口类	数据库类	网络程序设计类	其他
java.lang java.io java.math java.util java.text	java.awt javax.swing java.applet	java.sql	java.net java.security java.servlet java.rmi	java.beans java.corba

首先进入整个API最核心的包——java.lang包。在程序中，java.lang包并不像其他包需用import来引入，系统会自动加载，在程序中可直接取用其中所有的类。

这个包内的接口与类如下：

(1) 接口

Cloneable：实现此接口的类，可合法地通过调用Object.clone()方法来对此类的实例作field-for-field复制。

Comparable：可把实现此接口的类中的对象强制排序，以作比较。

Runnable：实现此接口的类，其实例可以线程来执行。

(2) 类

Object：Object类是所有Java类层次的根。

System：提供Java系统层次功能。

Boolean：将一个boolean值打包成一个对象。

Byte：将一个byte值打包成一个对象。

Character：将一个char值打包成一个对象。

Double：将一个double值打包成一个对象。

Float：将一个float值打包成一个对象。

Integer：将一个int值打包成一个对象。

Long：将一个long值打包成一个对象。

Short：将一个short值打包成一个对象。

Math：提供基本数学运算，如指数、对数、平方根、三角函数等。

Number：此抽象类是Byte、Double、Float、Integer、Long及Short类的超类。

String：字符串。

StringBuffer：可变长度及顺序的字符串。

Character.Subset：此类的实例代表Unicode字符集的特殊子集。

Character.UnicodeBlock：由Unicode 2.0规范所定义字符区块的家族字符子集。

Class：此类的实例代表一个正在执行的Java。

ClassLoader：处理加载类动作的抽象类。

Compiler：提供支持及相关服务给Java-to-native-code编译器。

InheritableThreadLocal：提供子线程从父线程继承所得的数值。

Package:提供包信息。

Process:提供处理程序所需的方法定义。

Runtime:每个 Java 应用程序均有此类的一个实例,使应用程序存取执行环境的资源。

RuntimePermission:提供执行时期的许可。

SecurityManager:允许应用程序实现一个安全原则。

StrictMath:提供基本数学运算,如指数、对数、平方根、三角函数等。

Thread:管理线程类。

ThreadGroup:线程群组类。

ThreadLocal:提供 ThreadLocal 变量。

Throwable:所有 Java 语言中错误及异常的超类。

Void:保存代表 void 类型的 Class 对象的参考(referance)。

在整个 API 的类层次结构设计中,java. lang. Object 类被设计成所有类的根(root),在最顶层。它不继承任何类,其他的类都继承于它(见图 3.5)。

注意:Object 类没有继承任何类或实现任何接口。

由于 Java 的所有类都直接或间接地继承这个类,故这个类定义了所有对象共同的状态与行为,如对象比较、复制、返回代表对象字符串、线程中的唤醒其他对象等功能(见图 3.6)。

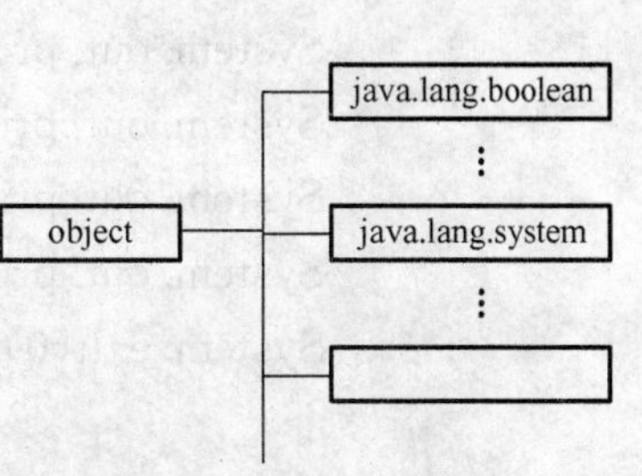

图 3.5　Object 类的继承关系

构造函数	
Object()	
方法	
protected Object	clone()制造和返回此对象的复制
boolean	equals(Object obj)意指其他对象是否与此对象“相等”
protected void	finalize()当资源回收测知对此对象无任何的参考时,由资源回收器调用此方法
Class	getClass()返回对象的执行时间(runtime)类
int	hashCode()返回对象的散列码
void	notify()唤醒正等待于此对象 manitor 上的单一线程
void	notifyAll()唤醒所有等待于此对象 manitor 上的线程
String	toString()返回代表此对象的字符串
void	wait()使目前线程等待,直到被其他线程调用
void	wait(long timeout)使目前线程等待,直到被其他线程调用,或一定时间 timeout(毫秒)过去后。
void	wait(long timeout, int nanos)使目前线程等待,直到被其他线程调用或中断,或一定时间 nanos(秒)过去后。

图 3.6　Object 类结构图

【程序3.14】 一个Object类的完整示例。

```
public class ObjectTest_1{
    public static void main(String[] args){
        String objname_1, objname_2;
        int hashcode_1, hashcode_2;
        Object obj_1=new Object();
        Object obj_2=new Object();
        objname_1=obj_1.toString();
        objname_2=obj_2.toString();
        hashcode_1=obj_1.hashCode();
        hashcode_2=obj_2.hashCode();
        System.out.println("对象一的名称:"+objname_1);
        System.out.println("对象一的散列码:"+hashcode_1);
        System.out.println("对象二的名称:"+objname_2);
        System.out.println("对象二的散列码:"+hashcode_2);
        System.exit(0);
    }
}
```

执行结果为:

对象一的名称:java.lang.Object@126b249

对象一的散列码:19313225

对象二的名称:java.lang.Object@182f0db

对象二的散列码:25358555

System类用来处理与系统层次有关的信息。常用的系统调用有标准输入输出,如System.io、System.out、System.err;取得系统性质,如System.getProperty("user.name");取得现在时刻,如System.currentTimeMillis();执行系统操作,如System.exit(0);System.gc()等。这个类的API与所在的操作系统是分开的,这样就不用每到一个新的系统环境,就重新改写系统调用程序代码。与系统有关的API另外放在Runtime类中,但较少有机会用到此类。

【程序3.15】 一个通过System类获得系统信息的例子。

```
public class SystemTest_1{
    public static void main(String[] args){
        String name=System.getProperty("user.name");              //用户姓名
        String password=System.getProperty("user.password");      //用户密码
        String javaversion=System.getProperty("java.version");    //Java版本
        String javavendor=System.getProperty("java.vendor");      //Java制造商
        long time=System.currentTimeMillis();                     //毫秒数
        System.out.println("用户姓名:"+name);
        System.out.println("用户密码:"+password);
```

```
            System.out.println("Java 版本:"+javaversion);
            System.out.println("Java 制造商:"+javavendor);
            System.out.println("现在时间<毫秒>:"+time);
            System.exit(0);
        }
    }
```

执行结果为:

用户姓名:lj

用户密码:null

Java 版本:1.4.1_02

Java 制造商:Sun Microsystems Inc.

现在时间<毫秒>:1217401476971

其他常用类还有 Boolean、Byte、Character、Double、Float、Integer、Long、Short——处理基本数据类型(primary data type)的类,这些类均继承自 Number 这个抽象(abstract)类。其中规定了数据类型的最大值、最小值;给出了构造函数,如 new Integer(10);完成不同数据类型间的转换,如 Double.toString(0.08)、Integer.parseInt("123")、String.ValueOf(0.08)等,注意不同的数据类型使用的方法会有不同,具体可见 API 文档。

Math 类用来完成常用的数学运算。其中包括数学常量:E、PI。数学运算:Math.abs(-8.09); Math.exp(5.7); Math.random(); Math.sqrt(9.08); Math.pow(2, 3); Math.round(99.6)。它们的修饰符均为 static,使用时无需创建实例。

除了核心包 java.lang 之外,还有许多其他经常用到的包。

java.applet:提供创建 Applet 所需的类以及与此 Applet 进行沟通的类。

java.awt:包含所有创建用户接口以及绘图、影像所需的类。其中还包含许多子包:颜色包 java.awt.color、事件包 java.awt.event、字体包 java.awt.font、图形包 java.awt.image 等。

java.beans:包含 Java 接口组件(Java Beans)扩展所需的类。

java.io:提供数据流,完成连续性文件系统的输入和输出。

java.math:提供任意精确度的整型及浮点数运算。

java.net:网络应用程序类。

java.rmi:远程方法调用(RMI)类。

3.5.3 访问控制符

包中的类也可控制访问级别,通过访问控制符指定。类的访问级别只有 2 级:缺省级和公开级。缺省级不需要任何关键字,此时只有同一个包内的对象可以访问该类,外界不能访问。公开级需要在类定义前加 public 关键字,此时,不但同一个包里的其他类可以访问这个类,其他包里的类也可以访问它。

访问公开类的方法主要有三种:

(1) 用类的全名(包名.类名);

(2) 导入包中的某个类;

(3) 导入包中的所有类。

如果某个类只访问一次,那么可以直接使用类的全名,形式是“包名.类名”。

例如:com.mycom.graphics 包中的 Graphic 类,它的全名是:com.mycom.graphics.Graphic

使用全名调用类的方法是:

```
class MyPlot{
    com.mycom.graphics.Graphic aGraph=new com.mycom.graphics.Graphic();…}
```

在创建 Graphic 对象时,变量定义和初始化时要两次用到全名,当使用约定的包命名方法时,包名可能很长,使用起来很麻烦,这也是该方法的缺点:繁琐、易出错、影响可读性。

用 import 关键字导入一个类,则相对简单得多。在 Java 中,使用 import 语句告诉编译器要使用的类所在的位置。

导入语句的格式如下:

```
import pkg1[.pkg2[.pkg3...]].(类名|*);
```

导入类之后,程序中涉及到这个类的地方只需要使用类名就可以了:

```
import com.mycom.graphics.Graphic;
Graphic aGraph=new Graphic();
```

注意:当使用包说明时,程序中无需再引用同一个包或该包中的任何元素。import 语句只用来将其他包中的类引入当前名字空间;当前包总是处于当前名字空间。

导入类方法的优点主要有:

① 便于使用导入类。

② import 部分集中放在程序的开头,可以直观地统计程序使用了哪些包和类。

③ 移植程序时可以很直观地了解程序所需要的包,保证了程序在移植时的可用性。

不过虽然可以用 import 关键字导入一个类,但它仍然是其他包的成员,导入类的私有级、默认级成员函数和成员变量依然无法访问,也无法导入其他包中默认访问级的类。如下面这段代码:

```
//Circle.java 文件
package com.mycom.graphics;
class Circle implements Draggable{…}
//MyPlot.java 文件
package com.mycom.plotcurves;
import com.mycom.graphics.Circle;
class MyPlot{
    Circle aCircle=new Circle();
    ...}
```

编译时会出现下面的错误:

```
MyPlot.java:4: com.mycom.graphics.Circle is not public in com.mycom.graphics; cannot be accessed from outside package
import com.mycom.graphics.Circle;
1 error
```

错误指示 Circle 类不是 com. mycom. graphics 包中的公开类，因此不能从外界访问到。

这个例子中只能导入 com. mycom. graphics 包中的一个类。如果包中有很多类，一个一个导入很麻烦，所以 Java 提供了一种一次性导入所有类的方法：

```
import PackageName. * ;
```

这里 PackageName 仍然为包名，而"＊"表示包中的所有公开类。如下例：

```
//Graphic. java 文件
package com. mycom. graphics;
public class Graphic{
    Circle aCircle=new Circle();
    Rectangle aRect=new Rectangle();}
//Rectangle. java 文件
package com. mycom. graphics;
public class Rectangle implements Draggable{…}
//MyPlot. java 文件
package com. mycom. plotcurves;
import com. mycom. graphics. * ;
class MyPlot{
    Graphic aGraph=new Graphic();
    Rectangle aRect=new Rectangle();
}
```

为保证 Java 程序的基本功能，Java 会自动导入两个包：java. lang 包和程序所在的包，相当于自动在程序开头添加下面的语句：

```
import java. lang. * ;
import mypackage. * ;
```

java. lang 包中有 Java 语言的基本语法功能。Java 语言导入这两个包中的所有公开类。

值得注意的是，如果采用"包名. ＊"的方法导入的某个类与本地类同名，默认使用本地类。

【程序 3.16】 导入文件示例。

```
//Graphic. java 文件
package com. mycom. graphics;
public class Graphic{
    String GraphStr="这是 com. mycom. graphics 包中的 Graphic 类。";
}
//MyPlot. java 文件
package com. mycom. plotcurves;
import com. mycom. graphics. * ;
class Graphic{
    String GraphStr="这是本地 Graphic 类。";
```

```
}
public class MyPlot{
    Graphic aGraph=new Graphic();
    public static void main(String[] args){
        MyPlot aPlot=new MyPlot();
        System.out.println(aPlot.aGraph.GraphStr);
    }
}
```

执行结果为：

这是本地 Graphic 类。

如果想访问 Graphic.java 文件中的 Graphic 类，唯一的办法是使用类的全名，即把 MyPlot 类中的第一条语句改为：

```
com.mycom.graphics.Graphic aGraph=new com.mycom.graphics.Graphic();
```

另外，如果导入的两个包中有重名的类，并且使用到时，编译器无法知道应当用哪个类，于是会报错。要解决这个问题，同样要使用类的全名。

3.6 接口

3.6.1 抽象类和抽象方法

Java 中的接口是一种特殊的抽象类，在介绍接口之前，先介绍什么是抽象类和抽象方法。

有时在程序设计过程中，要创建一个体现某些基本行为的类，并为该类声明方法，但不能或不宜在该类中实现该行为的方法，而是在子类中实现该方法。

例如一个 Drawing 类，该类包含用于各种绘图设备的方法，但必须以独立平台的方法实现，而不可能既能访问机器的录像硬件还能独立于平台。所以绘图类只定义哪些方法应该存在，实际上由特殊的从属于平台的子类去实现这个行为。

如 Drawing 类这样声明方法的存在而不实现，并带有对已知行为的方法的实现的类通常称做抽象类。通过关键字 abstract 标记声明一个抽象类。被声明但没有实现的方法(即它没有程序体)也必须标记为抽象方法。举例如下：

```
public abstract class Drawing{
    public abstract void drawDot(int x, int y);
    public abstract void drawLine(int x1, int y1, int x2, int y2);
    public void Rectangle(int width, int height){
        //Draw the rectangle}
}
```

例中创建了一个抽象类 Drawing，包含两个抽象方法 drawDot(int x, int y)和 drawLine(int x1, int y1, int x2, int y2)。在 Java 语言中，用 abstract 关键字修饰一个类时，这个类叫做抽象类；用 abstract 关键字修饰一个方法，且该方法没有具体实现时，即方法声明后没有程序体，这个方法叫做抽象方法。格式如下：

abstract class abstractClass{…}//抽象类

abstract returnType abstractMethod([paramlist]) //抽象方法

abstract 类与方法有下列特性：

(1) 一个抽象类里可以没有定义抽象方法。但只要类中有一个方法被声明为 abstract，则该类必须为 abstract。

(2) 抽象类不能被实例化(instantiated)，即不能使用关键字成为一个实例对象。其必须由子类继承并实例化。

(3) 若一个子类继承自一个抽象类，则子类需用覆盖的方式实现该抽象超类中的抽象方法。若没有完全实现所有的抽象方法，则子类仍是抽象的。

(4) 抽象方法可与 public、protected 复合使用，但不能与 final、private 和 static 复合使用。因为用 final 修饰的类是不能够有子类的，这点正好与抽象类的特性相矛盾。

上例抽象类 Drawing 中的抽象方法实现过程如下：

```
public class MachineDrawing extends Drawing{
    public void drawDot (int x, int y){
        //Draw the dot}
    public void drawLine(int x1, int y1, int x2, int y2){
        //Draw the line}
}
```

然后，可由子类对象实例化抽象类 Drawing d=new MachineDrawing()；

如果在实现抽象类 Drawing 的过程中并未实现其所有的抽象方法，则此子类仍然是抽象方法，要用 abstract 修饰：

```
public abstract class DotDrawing extends Drawing{
    public void drawDot (int x, int y){
        //Draw the dot}
}
```

3.6.2 接口的概念

接口是抽象类的一种，只包含常量和方法的定义，而没有变量和方法的实现，且其方法都是抽象方法，因此无须用 abstract 关键字说明。它的用处体现在下面几个方面：

- 可通过接口使不相关类实现相同行为，而无需考虑这些类之间的关系(如父子关系)。
- 可通过接口指明多个类需要实现的方法。
- 可通过接口了解对象的交互界面，而无需了解对象所对应的类。

接口的定义包括接口声明和接口体。

接口声明的格式如下：

[public] interface interfaceName[extends listOfSuperInterface]{…}

接口声明的 extends 子句与类声明的 extends 子句基本相同，不同的是一个接口可有多个父接口，彼此之间用逗号隔开；而一个类只能有一个父类。

接口体包括常量定义和方法定义。

常量定义格式为：public static final type NAME＝value；

该常量被实现该接口的多个类共享，具有 public、final、static 的属性。

方法定义格式为：public returnType methodName([paramlist])；

具有 public 和 abstract 属性。

接口的用处是解决多重继承的问题。Java 允许一个类同时实现（implements）多个接口，一个接口同时继承多个父接口，从而具有和多重继承同样强大的能力，并具有更加清晰的结构。

接口和抽象类有许多相似之处，例如它们形式相似，二者都定义了一组抽象的方法，却没有具体实现。但它们也有许多不同点，主要表现在：

① 接口不能有任何方法的实现过程，即接口中的方法必须全都是抽象方法，而抽象类中可以有方法的实现过程。

② 类可以实现很多接口，但只能有一个父类；接口不能实现接口，却可以有多个父接口。

③ 接口不是类层次关系中的一部分，两个彼此无关的类也可以实现同一个接口；而只有子类才可以实现抽象父类。

3.6.3 接口的实现

在类的声明中用 implements 子句表示一个类实现某个接口，implements 关键字位于 extends 关键字和父类名之后，如果这个类没有父类，则跟在类名的后面。在类体中可以使用接口中定义的常量，且必须实现接口中定义的所有方法。一个类可以实现多个接口，它们彼此在 implements 子句中用逗号分开：

```
[public] class ClassName [extends SuperClassName][implements Interface1, Interface2, Interface3,…]{
……//具体实现代码}
```


接口作为一种引用类型，任何实现该接口的类的实例都可以存储在该接口类型的变量中。通过这些变量可以访问类所实现的接口中的方法。

【程序 3.17】 实现汽油接口的例子。

```
public interface Gasoline
{
    public static final String FUEL="gasoline(汽油)";  //定义一个最终字段
    public void refuel();                               //声明一个方法
}
```

定义一个轿车类实现这个接口时，就可以运用汽油接口中所定义的字段及方法。

```
import java.awt.Color;
public class Sedan_1 extends Car implements Gasoline{
    static Color color;
    static int gearNum=5;                 //声明 gearNum 为类
    public Sedan_1(){                     //构造函数
```

```
        tiretype="BridgeStone185ST";                          //轮胎型号
        engine=1598.5f;                                       //排气量
    }
    public static void main(String args[]){
        Sedan_1 sedan_1=new Sedan_1();                        //产生实例
        sedan_1.equipment();
        sedan_1.shiftgear();
        sedan_1.brake();
        sedan_1.refuel();
    }
    public void equipment(){
        System.out.println("轿车颜色:"+color);
        System.out.println("轿车排档数:"+gearNum);
        System.out.println("轿车轮胎型号:"+tiretype);
        System.out.println("轿车排气量:"+engine);
        System.out.println("轿车燃料:"+FUEL);          //用到接口中的字段
    }
    public void shiftgear(){
        System.out.println("轿车换挡方式:自排"+gearNum+"挡");}   //换挡
    public void brake(){System.out.println("水压式煞车系统");}      //煞车
    public void aircon(){};                                   //开冷气
    public void headlight(){};                                //开大灯
    public void refuel(){System.out.println("轿车要加"+FUEL);}
                                                              //覆盖接口所声明的方法
```

执行结果：

```
轿车颜色:null
轿车排文件数:5
轿车输胎型号:BridgeStone185ST
轿车排气量:1598.5
轿车燃料:gasoline(汽油)
轿车换挡方式:自排5挡
水压式煞车系统
轿车要加 gasoline(汽油)
```

实训三　类与对象

一、实训目的

1. 熟练掌握 Java 语言类定义的基本语法。
2. 熟练掌握类数据成员的访问控制及对象建立的方法。
3. 熟练掌握类构造函数的定义及类方法的访问控制、重载。
4. 熟练掌握类继承的基本语法。

二、实训内容

1. 设计复数类。包含两个整型成员变量:复数的实部 RealPart 和虚部 ImaginPart;一个复数求和方法 Complex complexAdd(Complex a)。

2. 设计 Teacher 类,其继承 Personl 类。

3. 将 Personl 类的成员变量改为出生日期,再设计 age()方法求年龄。

4. 设计圆柱体类和圆椎体类。

5. 设计三角形类。

6. 定义机动车接口(Automobile)和非机动车接口(Nonautomobile),分别包含表示其运动模式的抽象方法。编写总的"车"类(VehicleClass),其中有车名、车轮数以及机动车和非机动车变量,该类实现机动车和非机动车接口。编写继承"车"类的公共汽车类(BusClass)和自行车类(BicycleClass)。

7. 试编程实现简单的银行业务,用于处理简单帐户的存取款及查询。定义银行账户类 BankAccount,包含数据成员:余额(balance)、利率(interest);操作方法:查询余额、存款、取款、查询利率、设置利率。再编写主类 UseAccount,包含 main()方法。创建 BankAccount 类的对象,并完成相应操作。

习　题

1. 设有下面两个类定义:

```
class AA{
    void Show(){System.out.println("我喜欢 C++!");
}
class BB extends AA{
    void Show(){System.out.println("我喜欢 Java!");
}
```

则顺序执行如下语句：

AA　a=new　BB()；

BB　b=new　BB()；

a. Show()；

b. Show()；

执行结果为　（　　）

A. 我喜欢 Java!　我喜欢 C++!　B. 我喜欢 C++!　我喜欢 Java!　C. 我喜欢 Java!　我喜欢 Java!　D. 我喜欢 C++!　我喜欢 C++!

2. 设有下面一个类定义：

```
class AA{
    static void Show(){System. out. println("我喜欢 Java!");}
}
class BB{void Show(){System. out. println("我喜欢 C++!");}}
```

若已经使用 AA 类创建对象 a 和 BB 类创建对象 b，则下面哪一个方法调用是正确的　（　　）

A. a. Show()；　b. Show()；　B. AA. Show()；　BB. Show()；　C. AA. Show()；　b. Show()；　D. a. Show()；　BB. Show()；

3. 对于构造函数，下列叙述不正确的是　（　　）

A. 构造函数也允许重载

B. 子类无条件地继承父类的无参构造函数

C. 子类不允许调用父类的构造函数

D. 在同一个类中定义的重载构造函数可以相互调用

4. 下面的是关于类及其修饰符的一些描述，不正确的是　（　　）

A. abstract 类只能用来派生子类，不能用来创建 abstract 类的对象

B. final 类不但可以用来派生子类，也可以用来创建 final 类的对象

C. abstract 不能与 final 同时修饰一个类

D. abstract 方法必须在 abstract 类中声明，但 abstract 类定义中可以没有 abstract 方法

5. 在 Java 中，一个类可同时定义许多同名的方法，这些方法的形式参数的个数、类型或顺序各不相同，返回值也可以不相同。这种面向对象程序特性称为________________。

6. 在使用 interface 声明一个接口时，只可以使用________修饰符修饰该接口；用________修饰常量。

7. 创建一个名为 MyPackage 包的语句是________________________________，该语句应该放在程序中的位置为________________________________。

8. 多态是指____，在 Java 中有两种多态，一种是使用方法的________实现多态，另一种是使用方法的________实现多态。

9. 在 Java 程序中，通过类的定义只能实现________重继承，但通过接口的定义可以实现________重继承关系。

10. 创建一个类，声明一个无参数的构造函数，打印类已创建的信息。再重载一个具有 String 参数的构造函数，打印参数信息，并创建主类验证之。

11. 编写体育运动分类程序，利用类的继承性和多态性概念为每种体育运动编写合适的说明。

12. 创建一个乐器接口文件 Instrument. java，其中包含一个 Instrument 接口和实现此接口的三个乐器类 Wind、Percussion、Stringed，并为该文件打包(注意包的命名规范)。再创建 Music. java 文件，导入 Instrument. java 文件中的所有接口和类，并进行测试。

第4章　常见错误和异常处理

4.1　常见错误

4.1.1　编译错误

编译错误是在Java编译器对.java源程序编译后(即用javac指令编译后),由系统给出的错误提示。常见的编译错误主要有以下几种:

(1) 错误提示内容:javac: Command not found

解释:“javac”不是内部或外部命令,也不是可运行的程序或批处理文件。产生的原因是没有设置好环境变量path,即path中包含的javac编译器的路径变量设置不正确。javac编译器放在TheJavaDevelopers Kit(JDK)的bin目录中。

JDK是Sun公司免费提供的软件包,其中含有编写和运行Java程序的所有工具,包括组成Java环境的基本构件Java编译器javac、Java解释器java、浏览Applet的工具appletviewer等。编写Java程序的机器上一定要先安装JDK,且安装过程中要正确设置path和classpath环境变量,这样系统才能找到javac和java所在的目录。

修正方法:在Win98下,在autoexce.bat中加入path=%path%; c:\jdk1.5\bin。在Win2000或WinXP下,选择控制面板→系统→高级→环境变量→系统变量,双击系统变量Path,在后面加上c:\jdk1.5\bin,这里假设JDK安装在c:\jdk1.5目录下。此时再试试javac HelloWorld。

(2) 错误提示内容:HelloWorld is an invalid option or argument.

解释:java源程序一定要保存成.java文件类型,即保存时要在文件名后加上.java。

如javac HelloWorld.java

(3) 错误提示内容: HelloWorld.java: 3: Method printl

(java.lang.String)not found in class java.io.PrintStream.

System.out.printl("Hello World!");

解释:键入的方法名printl不正确,方法println()的名字被写成printl。错误信息中用符号“∧”指示系统找不到的方法名,第一行中的3表示错误所在行数,即第3行(注释行不计算在内)。系统不认识的标识符可能有以下几个原因:

- 程序员拼写错误,包括大小写不正确。
- 方法所在的类没有引入到当前名字空间。
- 实例所对应的类中没有定义要调用的方法。
- 其他原因。

(4) 错误提示内容：HelloWorld. java：1：Public class Helloworld must be defined in a file called“Helloworld. java”.

public class Helloworld{

解释：文件 HelloWorld. java 中定义的公有类 Helloworld 的名字和文件名不匹配。一个 Java 源程序中可以定义多个类，但是，具有 public 属性的类只能有一个，而且要与文件名相一致；并且，main 方法一定要放在这个 public 类之中，这样才能运行。文件名与类名不一致时会发生该错误。Java 语言是严格区分大小写的，而此例，类名和文件名中字母 w 大小写不统一。

4.1.2 运行错误

运行错误是编译通过后，在运行. class 字节码文件时(即用 java 指令运行时)，系统给出的错误提示。以最简单的 HelloWorld 程序为例，了解在 Java 运行过程中产生的错误。

(1) 错误提示内容：Exception in thread “main” java. lang. NoClassDefFoundError：HelloWorld

解释：这属于类路径(classpath)问题。实际上，类路径是在编译过程就涉及的 Java 中的概念。classpath 指明去哪里找用到的类。由于 HelloWorld 没用到其他的(非 java. lang 包中的)类，所以编译时不会遇到这个问题。否则运行时，就要指明类在哪里。可以采用下面的命令：

java-classpath. HelloWorld

“. ”代表当前目录。也可以在环境变量中设置默认的 classpath。方法如同设置 path 那样，将 classpath 设为 classpath=%classpath%；c：\jdk1. 2\lib\dt. jar；c：\jdk1. 2\lib\tools. jar。

如果类路径已经设好，却仍然有这个问题，那么可能是错用运行指令为：

java HelloWorld. class

因为在 J2SE 规范中，Java 指令中的“. ”是指路径，如果写成 java HelloWorld. class 那么系统就会查找 HelloWorld 目录下的 class. class 文件，这个文件当然是不存在的。

(2) 错误提示内容：Can’t find class Helloworld

解释：这个错误当键入 java Helloworld 时发生，即系统找不到名为 Helloworld 的类文件。一般该错误意味着类名拼写和源文件名不一样，系统创建 filename. class 文件时使用的是类定义的名字，并且区分大小写。

例如：class HelloWorld(…)

经编译后将创建 HelloWorld. class 类，执行时，也要使用这个名字。发生这个错误时，可以使用文件查看命令 ls 或 dir 看看当前目录下是否存在相应的文件，并检查文件名的大小写。

(3) 错误提示内容：In class HelloWorld：main must be public and static

解释：如果 main()方法的左侧缺少 static 或 public，会发生这个错误。main()方法前面的修饰符有特殊的要求。

(4) 文件中含有的公有类个数错误

解释：按照 Java 规则，在一个源文件中最多只能定义一个公有类，否则会发生运行时错误。如果一个应用系统中有多个公有类，则要把它们分别放在不同的文件中，文件中非公有

类的个数不限。

(5) 层次错误

解释:一个 Java 源文件可以含有三个顶层元素,这三个元素是:

• 一个包说明,即 package 语句,是可选的。

• 任意多个引入语句,即 import 语句。

• 类和接口说明。

这些语句必须按一定的次序出现,即引入语句必须出现在所有的类说明之前;如果使用了包说明,则它必须出现在类说明和引入语句之前。

下面是正确的语句序列:

```
package Transportation;
import jaya. awt. Graphics;
import jays. applet. Applet;
```

下面是错误的语句顺序:

```
import java. awt. Graphics;
import java. applet. Applet;
package Transportation;
//该例中在包说明语句之前含有其他语句。
package Transportation;
package House;
import java. applet. Applet;
//该例中含有两个包说明语句。
```


4.1.3 逻辑错误

从另一个角度对 Java 错误进行分类,可分为两种:一种是语法错误,另一种是逻辑错误。

语法错误也就是编码不符合 Java 规范,在编译的时候无法通过。通常,是用 javac 编译源程序,如果代码中存在语法错误,比如某个表达式后缺少分号,编译器就会出现错误信息,编译就此停止。

逻辑错误也就是常说的 Bug,一般存在逻辑错误的程序通常可以顺利的被编译器编译产生相应的字节码文件,也就是. class 文件。但是,在执行的时候,也就是 java ourClass 的时候,得出的结果却并不是所希望的。

下面几个问题值得注意。

(1) Java 是区分大小写的。

解释:对于经常写 VB、ASP 程序的人来说,一定要注意变量 money 和 Money 是不一样的。

(2) 一个 Java 源文件可以包含多个 class,但是只能包含一个 public 的 class。

(3) 不要在运行 java 程序时在类名后加. class。

(4) =和==是不同的。

解释:在 Java 程序中,=是赋值操作符,而==是比较操作符。在新手的程序中经常出现这样的代码：

```
int a=1;
int b=2;
if(a=b) System.out.println("OK");
```

这是不对的，因为 if 后面需要得到的是一个布尔类型的值。而 a=b 是赋值操作，即把 b 的值赋给 a，并返回等号右边的值（也就是 b 的值），比如：

```
int a=1;
int b=2;
int c=(a=b);
System.out.println("a:"+a);
System.out.println("b:"+b);
System.out.println("c:"+c);
```

输出结果是 a 等于 2，b 等于 2，c 也等于 2。

比较下面两段代码：

```
boolean a=false;
boolean b=false;
if(a==b)
{
    System.out.println("a=b");
}
else
{
    System.out.println("a! =b");
}
```

输出结果为“a=b”。如果换成=

```
boolean a=false;
boolean b=false;
if(a=b)
{
    System.out.println("a=b");
}
else
{
    System.out.println("a! =b");
}
```

输出结果为“a! =b”

(5) 数组下标越界的错误。

解释：Java 中的数组下标是从 0 开始的。比如定义了一个数组：

```
Object[] myArray=new Object[10];
```

说明数组中有 10 个元素，从 myArray[0]开始到 myArray[9]结束。在用 for 循环的时候需要注意，正确写法如下：

```
for(int i=0; i<myArray.length; i++)
{
    ……
}
```

如果出现数组下标越界错误，则会出现出错提示信息：java.lang.ArrayIndexOutOfBoundsException。

(6) 空引用的错误。

这类错误是最令人头疼的，属于逻辑性错误，编译器可以正常编译，但是在某种情况下执行会出错，出错信息是 java.lang.NullPointerException。

这是在对象没有被初始化的情况下，调用这个对象的属性或者方法造成的，比如下面的例子：

```
class A3
{
    public static void main(String[] args)
    {
        String s=null;
        int a=1;
        int b=2;
        if(a<b)
        {
            s="a<b";
        }
        System.out.println(s.toString());
    }
}
```

编译和执行都没有错误。可是如果把 a 的值变为 10，那么在执行的时候就会出错。因为此时 a<b 不成立，不会执行 s="a<b"这个初始化语句，所以在输出 s.toString()的时候，对象 s 还是 null，没有被初始化，这时候调用.toString()方法自然会出现异常。

4.2 异常处理

4.2.1 异常处理的概念

在 Java 编程语言中，错误类定义被认为是不能恢复的严重错误条件，在大多数情况下，建议让程序中断。而异常类定义程序中可能遇到的轻微错误条件，可以通过代码来处理异常并让程序继续执行，而不是中断。

在程序执行中，任何中断正常程序流程的异常条件就是错误或异常。例如，发生下列情况时，会出现异常：

- 要打开的文件不存在
- 网络连接中断
- 受控操作数超出预定范围
- 正在装载的类文件丢失

Java 编程语言通过实现异常帮助建立弹性代码。在程序中发生错误时，发现错误的方法能抛出一个异常到其调用程序，发出已经发生问题的信号；调用方法捕获抛出的异常，在可能时再恢复回来。这个方案给程序员一个通过编写处理程序处理异常的选择。

通过浏览 API 可以观察方法抛出的是什么异常。

Java. lang. Throwable 类是所有错误和异常对象的父类，可以使用异常处理机制将这些对象抛出并捕获。在 Throwable 类中定义方法检索与异常相关的错误信息，并打印显示异常发生的栈跟踪信息。它有 Error 和 Exception 两个基本子类，如图 4.1 所示。

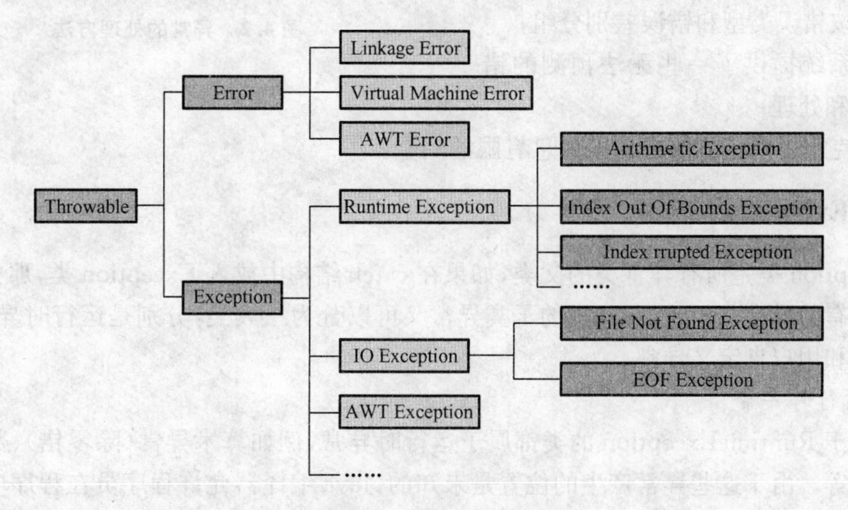

图 4.1 异常类的结构

通常不使用 Throwable 类，而是使用子类异常来描述任何特殊异常。每个异常的目的描述如下：

(1) Error：表示恢复不是不可能但很困难的一种严重问题。比如说内存溢出、动态链接失败、虚拟机错误等。不能指望程序能处理这样的情况。

(2) Exception：表示程序中可预知的问题。Java 编译器要求 Java 程序必须捕获或声明所有非运行时异常。Exception 又可分为两类：

① RuntimeException 表示设计或实现问题。也就是说，如果程序运行正常，则从不会发生此类情况。比如，如果数组索引扩展不超出数组界限，那么 ArrayIndexOutOfBounds-Exception 异常从不会抛出。这也适用于算术异常、取消空引用异常等，因为一个正确设计和实现的程序从不出现这种异常，通常对它不做人为处理，这会导致一个运行时信息。为了确保采取措施更正问题，要将此类异常抛出，由系统默认程序处理。

② 其他异常表示运行时困难，通常由环境效果引起，可以进行人为处理，包括文件未找到或无效 URL 异常(用户写一个错误的 URL)，用户误触发时，两者都很容易出现。

(3) 用户自定义异常：这类不是Java系统监测到的(下标越界、被0除等)，而是由用户自己定义的。用户自定义异常必须继承自 Throwable 或 Exception 类，建议用Exception 类。这类异常必须由用户自己抛出(如 throw new MyException)，并进行捕获，将在 4.2.5 节中做详细介绍。

针对不同类型的异常，具体的处理方式也有所不同。图 4.2 说明了每种异常的处理方法。

和传统方法比较，包含异常处理的方法有以下优点：

(1) 把错误代码从常规代码中分离出来；

(2) 把错误传播给调用堆栈；

(3) 按错误类型和错误差别分组；

(4) 系统提供了一些无法预测的错误的捕获和处理；

(5) 克服了传统方法中错误信息有限的问题。

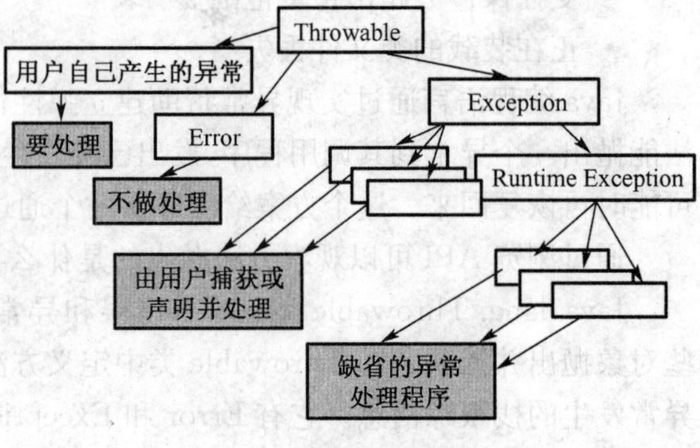

图 4.2　异常的处理方法

4.2.2　Exception 类

Exception 类是所有异常类的父类，如果在 catch 结构中放入 Exception 类，那么它可以捕获到所有的异常。Exception 类的子类异常又可以分为三大类，分别是运行时异常、非运行时异常和用户自定义异常。

1) 运行时异常

继承于 RuntimeException 的类都属于运行时异常，例如算术异常(除零错)、数组下标越界异常等。由于这些异常产生的位置是未知的，Java 编译器允许程序员在程序中不对它们做出处理，而将其抛出给系统处理。RuntimeException(运行时异常)类非常重要，它包括了几乎所有程序运行时可能会遇到、而编译时无法检查到的错误。

主要运行时异常如下：

ArithmeticException：算术异常

ArrayStoreException：数组存储类型错误

ClassCastException：变量类型设置错误

IllegalArgumentException：函数参数错误

IndexOutOfBoundsException：数组下标越界

NegativeArraySizeException：数组长度为负值

NullPointerException：使用空指针变量

SecurityException：违反安全要求

UnsupportedOperationException：操作不支持

其中 ArithmeticException 异常产生条件：整数被 0 除，并运算得出的结果。

如：int I=12/0;

NullPointerException 异常产生条件：对象没被实例化时，访问对象的属性或方法。

如：Date d＝null；

System. out. println(d. toString())；

NegativeArraySizeException 异常产生条件：创建带负维数大小的数组。

ArrayIndexOutOfBoundsException 异常产生条件：访问超过数组大小范围的一个元素。

SecurityException 异常产生条件：在 Applet 小程序中企图做下述工作(除非明显地得到允许)：

(1) 访问一个本地文件。

(2) 打开主机的一个 socket，这个主机与服务于 applet 的主机不是同一个。

(3) 在运行时环境中执行另一个程序。

2) 非运行时异常

除了运行时异常之外的其他由 Exception 继承来的异常类都是非运行时异常。Java 编译器要求在程序中必须处理这种异常：捕获异常或者声明抛弃异常。

主要的非运行时异常如下：

FileNotFoundException：文件未找到异常

ClassNotFoundException：没有找到类

CloneNotSupportedException：不支持复制

IllegalAccessException：没有权限访问

InstantiationException：不能创建对象

InterruptedException：线程受到打扰

NoSuchFieldException：没有该成员变量

NoSuchMethodException：没有该成员函数

其中大部分在正常情况下很少出现，因为它们提示的错误在编译时都能发现。这些异常仅适用于特殊的方法，如 Class 类的成员方法访问，从而避免在编译器语法检查的情况下，可能导致异常使程序无法运行。

3) 用户自定义异常

除了系统定义的异常之外，用户自己创建的异常类，在 4.2.5 节中将具体介绍。

4.2.3 异常处理的过程

Java 中包含两种处理异常的机制：

- 捕获异常
- 声明抛弃异常

1) 捕获异常

当 Java 运行时系统得到一个异常对象时，它将会沿着方法的调用栈逐层回溯，寻找处理这一异常的代码。找到能够处理这种类型的异常的方法后，运行时系统把当前异常对象交给这个方法进行处理，这一过程称为捕获(catch)异常，这是积极的异常处理机制。如果 Java 运行时系统找不到可以捕获异常的方法，则运行时系统将终止，相应的 Java 程序也将退出。

要处理特殊的异常，就要将抛出异常的代码放入 try 块中，然后创建相应的 catch 块的列表，每个可能被抛出的异常都有一个 catch 块与之对应。如果生成的异常与 catch 块中提到的相匹配，那么 catch 条件语句就被执行。在 try 块之后，可能有许多 catch 块，每一个处理不同的异常。

捕获异常的形式如下：

```
try{
        ……
        }catch(ExceptionName1 e){
        ……
        }catch(ExceptionName2 e){
        ……
        }
        ……
        }finally{
        ……
}
```

捕获异常的第一步是用 try{…}选定捕获异常的范围，try 所限定的代码块中的语句在执行过程中可能会生成异常对象并抛出。

每个 try 代码块可以伴随一个或多个 catch 语句，用于处理 try 代码块中生成的异常事件。catch 语句只需要一个形式参数指明它能够捕获的异常类型，这个类必须是 Throwable 的子类，运行时系统通过参数值把被抛出的异常对象传递给 catch 块，在 catch 块中是对异常对象进行处理的代码。与访问其它对象一样，可以访问一个异常对象的变量或调用它的方法。getMessage( )是类 Throwable 提供的方法，用来得到有关异常事件的信息；类 Throwable 还提供了方法 printStackTrace()用来跟踪异常事件发生时执行堆栈的内容。

【程序 4.1】 捕获异常的例子。

```
public class ExceptionMethods{
    public static void main(String[] args){
        int arylen;
        int[] narray=new int[10];
        arylen=ExceptionMethods.getArraylen();
        try {
                for(int i=0; i<arylen; i++){
                    narray[i]=i;
                    System.out.print(narray[i]+" ");
                }
            }catch(ArrayIndexOutOfBoundsException e){
                System.out.println("数组下标越界");
                System.out.println("越界下标:"+e.getMessage());
                e.printStackTrace();
            }catch(Exception e1){
                System.out.println("不可预料错误");
```

```
                e1.printStackTrace();
            }
        }
    public static int getArraylen(){
        return(int)(Math.random() * 50);
    }
}
```

执行结果为：

java.lang.ArrayIndexOutOfBoundsException：10

at exceptionmethods.ExceptionMethods.main(ExceptionMethods.java:11)

0 1 2 3 4 5 6 7 8 9 数组下标越界

越界下标:10

捕获异常的最后一步是由 finally 语句为异常处理提供一个统一的出口,使得在控制流转到程序的其他部分以前,能够对程序的状态作统一的管理。不论在 try 代码块中是否发生了异常事件,finally 块中的语句都会被执行。如下例:

```
try{
    startFaucet();          //打开开关方法
    waterLawn();            //给草地浇水方法
}
finally{
    stopFaucet();           //关闭开关方法
}
```

在前面的例子中,即使异常在打开开关或给草地浇水时发生,开关也能被关掉。只有当终止程序的 System.exit()方法在 try 代码块内被执行,是 finally 语句不被执行的唯一情况。这就表示控制流程能偏离正常执行顺序,比如,如果一个 return 语句被嵌入到 try 块内的代码,那么,finally 块中的代码应在 return 前执行。当然 finally 语句块也可以被省略,那么程序将在捕获到异常之后,跳转到所有 catch 语句块之后执行。

2) *声明抛弃异常*

如果一个方法并不知道如何处理出现的异常,则可在方法声明时声明抛弃异常。这是一种消极的异常处理机制。

首先,要声明抛弃异常。声明抛弃异常是在一个方法声明的 throws 子句中指明的。

例如:

```
public int read () throws IOException{
        ……
}
```

throws 子句中可以同时指明多个异常,彼此之间由逗号隔开。例如:

```
public static void main(String args[]) throws
IOException,IndexOutOfBoundsException{…}
```

其次,才真正将异常抛出。抛出异常就是产生异常对象的过程,异常对象可以由虚拟机

生成，可以由某些类的实例生成，也可以在程序中生成。在方法中，抛出异常对象是通过 throw 语句实现的。例如：

IOException e＝new IOException()；

throw e；

或者直接写为 throw new IOException()；

可以抛出的异常必须是 Throwable 或其子类的实例。下面的语句在编译时将会产生语法错误：

throw new String("want to throw")；

因为 String 类并非是 Throwable 及其子类的实例。

如果方法中的一条语句抛出一个不能在相应 try/catch 块中处理的异常，那么这个异常就被抛出到调用方法中；如果也没有在调用方法中被处理，则被抛出到该方法的调用程序……这个过程一直延续到异常被处理。如果异常一直没被处理，它便被抛出到 main()方法，如果 main()也不处理它，那么，该异常就中断程序(见图 4.3)。

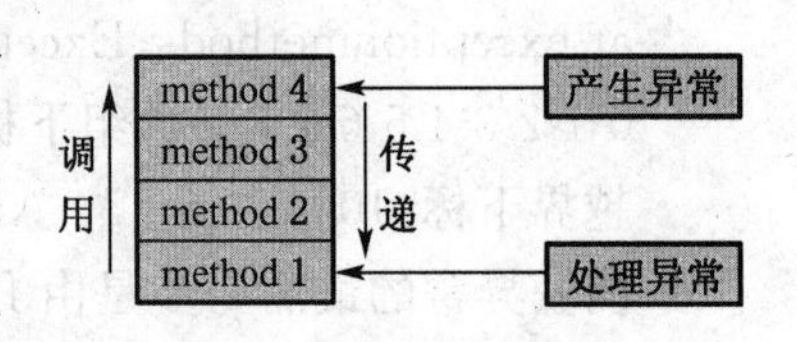

图 4.3 异常的调用栈

考虑这样一种情况：在该情况中，main()方法调用一个方法(比如 first())，然后 first()调用另一个方法(比如 second())。如果在 second()中发生异常，那么必须检查该异常是否有一个 catch。如果没有，那么对调用栈(first())中的下一个方法进行检查，没有就继续检查下一个(main())。如果这个异常在该调用栈上没有被最后一个方法处理，那么就会发生一个运行时错误，程序终止执行。

可以对【程序 4.1】做相应修改，使数组下标越界异常产生在 arrayDefine()方法中，然后在该方法中抛出异常，并在调用它的 main()方法中进行捕获。

【程序 4.2】 抛出异常的例子。

```
public class ExceptionMethods{
    public static void main(String[] args){
        try{
            arrayDefine();
            }catch(ArrayIndexOutOfBoundsException e)
            {
                System.out.println("数组下标越界");
                System.out.println("越界下标："+e.getMessage());
                e.printStackTrace();
            }catch(Exception e1)
            {
                System.out.println("不可预料错误");
                e1.printStackTrace();
            }
        }
    public static void arrayDefine() throws ArrayIndexOutOfBoundsException{
```

```
                                                    //声明抛弃异常
        int arylen;
        int[] narray=new int[10];
        arylen=ExceptionMethods.getArraylen();
        if(arylen>9)throw new ArrayIndexOutOfBoundsException("10");
                                                    //抛弃异常
        for(int i=0; i<arylen; i++){
            narray[i]=i;
            System.out.print(narray[i]+"");
        }
    }
    public static int getArraylen()
    {
        return(int)(Math.random() * 50);
    }
}
```

值得注意的是，程序中抛出的是数组下标越界异常，它属于 RuntimeException 的子类，因此也可以不用人为的抛出，只需声明抛出异常，然后由系统默认程序处理。即去掉 try-catch 语句块和 throw new ArrayIndexOutOfBoundsException()语句，也不会影响程序执行。但对于某些必须人为处理的异常(如用户自定义异常)，仍需掌握抛出异常由调用栈递归处理的方法。

4.2.4 多异常的处理

在一个 try 语句块中往往包含多种可能出现的异常，这就要求程序员首先能够预测可能产生异常的位置，并判断会产生何种异常；然后用多个 catch 块捕获多种类型的异常，举例说明如下：

【程序 4.3】 多异常处理的例子。

```
import java.io.*;
public class ExcepHandling{
static float c;
    public static void main(String Args[]){
      BufferedReader readin=new BufferedReader(new InputStreamReader(System.in));
      try{
            System.out.print("请任意输入一个被除数(数字):");
            String input1=readin.readLine(); //会产生 IOException
            float a=Float.parseFloat(input1); //会产生 NumberFormatException
            System.out.print("请任意输入一个非零的除数:");
            String input2=readin.readLine(); //会产生 IOException
            float b=Float.parseFloat(input2); //会产生 NumberFormatException
```

```
            c=division(a, b);                    //会产生 ArithmeticException
        }catch(IOException ioe){
            System.out.println("系统输出入有问题");
            System.out.println(ioe.getMessage());
            System.out.println("程序无法处理即将中断");
            System.exit(0);
        }catch(NumberFormatException nfe){
            System.out.print("您所输入的数值是:");
            System.out.println(nfe.getMessage());
            System.out.println("程序无法处理即将中断");
            System.exit(0);
        }catch(ArithmeticException ae){
            System.out.println(ae.getMessage());
            System.exit(0);
        }finally{
            System.out.println("两数相除的结果是:"+c);
            System.exit(0);
        }
    }
    static float division(float arg1,float arg2)throws ArithmeticException{
        if(arg2==0) throw new ArithmeticException("除数不能为 0,否则结果是
                                                    无限大");
        float result;
        result=arg1/arg2;
        return result;
    }
}
```

执行结果 1:
请任意输入一个被除数(数字):6y
您所输入的数值是:For input string:"6y"
程序无法处理即将中断
执行结果 2:
请任意输入一个被除数(数字):56
请任意输入一个非零的除数:0
除数不能为 0,否则结果是无限大
执行结果 3:
请任意输入一个被除数(数字):45
请任意输入一个非零的除数:9
两数相除的结果是:5.0

上述三种执行结果，前两种在用户输入不同错误值时，显示不同的出错提示。该程序中共有三种可能出现的异常，其中两种异常（IOException 和 NumberFormatException）在 main()方法中直接产生并捕获；一种异常（ArithmeticException）在 division()方法中产生并被抛出到 main()方法中捕获。通过多异常处理，提高了程序的健壮性。

当有多个异常需要进行处理时，catch 语句的顺序是值得关注的问题。捕获异常的顺序和 catch 语句的顺序有关，当捕获到一个异常时，剩下的 catch 语句就不再进行匹配处理。因此，在安排 catch 语句的顺序时，首先应该捕获最特殊的异常，然后再逐渐一般化；也就是先安排子类，再安排父类。例如，一个程序中可能包含 ArithmeticException 异常或其他类型的异常，在捕获异常时，catch 语句块的顺序应该如下：

```
try{
    ......
    }catch(ArithmeticException e){
        ......}
    }catch(RuntimeException e){
        ......}
    }catch(Exception e){
        ......}
```

因为 RuntimeException 包含运行时各种常见的异常，因此大部分异常都能在这里捕获并进行处理。所以运行时异常应当放在算术异常之后，否则会覆盖算术异常处理。同样 Exception 包含了所有异常，是所有异常的父类，往往作为最后一个 catch 块。

4.2.5 自定义异常处理

自定义异常类必须是 Throwable 的直接或间接子类，通常把自定义异常作为 Exception 的子类。格式如下：

```
class MyException extends Exception
{…};
```

自定义异常同样要用 try-catch 捕获，但必须由用户自己抛出 throw new MyException。

【程序 4.4】 自定义异常的例子。

```
class MyException extends Exception{                    //自定义异常类 MyException
    private int detail;
    MyException (int a){
        detail=a;
    }
    public String toString(){
        return" MyException["+detail+"]";
    }
}
public class Inheriting{
```

```
    static void compute (int a) throws MyException{  //声明抛出自定义异常
        System.out.println("Called compute ("+a+").");
        if(a>10) throw new MyException (a);  //抛出自定义异常
            System.out.println("Normal exit");
    }
    public static void main(String args[]){
        try{
            compute(1);
            compute(20);
        }catch (MyException e){
            System.out.println("Exception caught"+e);
        }
    }
}
```

执行结果为：

```
Called compute (1).
Normal exit
Called compute (20).
Exception caught MyException[20]
```

再来看一个银行账户支取自定义异常的处理过程。要求在定义银行类时，若取钱数大于余额则作为异常处理(InsufficientFundsException)。

取钱是 withdrawal 方法中定义的动作，因此在该方法中产生异常。处理异常安排在调用 withdrawal 的时候，因此 withdrawal 方法要声明异常，由上级方法调用。要定义好自定义异常类 InsufficientFundsException。

【程序 4.5】 银行账户支取自定义异常的例子。

```
class Bank{                    //Bank 类中产生异常并抛出
    double balance;            //balance 变量存放银行账户现有金额
    public Bank(double balance){
        this.balance=balance;
    }
    public void withdrawal(double dAmount) throws InsufficientFundsException{
        if(balance<dAmount) throw new InsufficientFundsException(this,dAmount);
        balance=balance-dAmount;
    }
    public double showBalance(){
        return balance;
    }
}
public class ExceptionDemo{  //ExceptionDemo 为主测试类，捕获异常
```

```
    public static void main(String args[]){
        try{
            Bank ba=new Bank(50);
            ba. withdrawal(100);
            System. out. println("Withdrawal successful!");
        }catch (InsufficientFundsException e){
            System. out. println(e. excepMesagge());
        }
    }
}
class InsufficientFundsException extends Exception{ //用户自定义账户支取异常类
    private Bank excepbank;
    private double excepAmount;
    InsufficientFundsException(Bank ba, double dAmount){
        excepbank=ba;
        excepAmount=dAmount;
    }
    public String excepMesagge(){
        String str="The balance was"+excepbank. showBalance()+
            "\nThe withdrawal was"+excepAmount;
        return str;
    }
}
```

执行结果为：

```
The balance was 50. 0
The withdrawal was 100. 0
```

实训四　异 常 处 理

一、实训目的

1. 了解 Java 语言的异常处理机制。
2. 掌握 try、catch、finally 关键字的基本用法。
3. 掌握异常的基本处理方法。

二、实训内容

1. 定义一个具有加、减、乘、除功能的计数器类(CalculationClass)，在该类中通过 Exception 异常类处理实现加、减、乘、除功能时出现的异常。

(1) 定义计算器包：package calculation；

(2) 定义计算器类：class CalculationClass

包含两个成员变量：private int i_CalculatResult；　　//存放计算结果

private Exception e_Information；　//存放异常变量

包含四个成员方法：构造方法：CalculationClass()(给 i-CalculatResult 赋初值)

计算方法：boolean Calculate(int x，int y，char op)(计算加、减、乘、除，捕获每种运算中可能产生的异常)

获取计算结果：int getI_CalculateResult()(返回计算结果)

获取异常信息：Exception getE_Information()(返回异常对象)

(3) 在另一个文件中定义主测试类：

先引入计算器类：import calculation. * ；

定义主测试类：class UseCalculation

包含的主方法：调用计算器类的 calculate 方法；

如果无异常：输出运算结果；

如果有异常：输出异常信息；

抛出异常的 Java 语句格式：

throw new Exception("The program just throw an exception")；

2. 编写计算两数相除的类(DivideTest)，当除数为 0 时抛出一个异常。

(1) 引入 io 包中的类；

(2) 定义除法测试类：class DivideTest

包含的主方法：输入被除数i_Ch1，判断是否是数字 0～9(ASCII 码是 0x30～0x39)，若不是显示提示信息。

、　　　输入除数i_Ch2，判断是否是数字 0～9（ASCII 码是 0x30～0x39）。除数若为 0，抛出 IO 异常。

习　题

1. 请问所有的异常类皆继承哪一个类　（　　）

   A. java. io. Exception　　B. java. lang. Throwable

   C. java. lang. Exception　　D. java. lang. Error

2. 下面程序段的执行结果是什么　（　　）

```
public class Foo{
    public static void main(String[] args){
        try{
            return;}
            finally{System. out. println("Finally");
        }
    }
}
```

   A. 程序正常运行，但不输出任何结果

   B. 程序正常运行，并输出"Finally"

   C. 编译能通过，但运行时会出现一个异常

   D. 因为没有 catch 语句块，所以不能通过编译

3. 下列程序中，在 X 处应加入哪条语句，程序才能通过编译并正常运行　（　　）

```
//X
public class Foo{
    public static void main(String[] args) throws Exception{
        PrintWriter out=new PrintWriter(new
        java. io. OutputStreamWriter(System. out), true);
        out. println("Hello");
    }
}
```

   A. import java. io. PrintWriter

   B. include java. io. PrintWriter

   C. import java. io. OutputStreamwriter

   D. include java. io. OutputStreamWriter

4. 下列哪个语句可以正确地创建一个 RandomAccessFile 的实例　（　　）

   A. RandomAccessFile("data", "r")

   B. RandomAccessFile("r", "data")

   C. RandomAccessFile("data", "read")

   D. RandomAccessFile("read", "data")

5. （多选）下面的方法是一个不完整的方法，其中的方法 unsafe()会抛出一个 IOException，那么在方法的(1)处应加入哪条语句，才能使这个不完整的方法成为一个完整的方法　（　　）

   (1)

(2) {if(unsafe()){//do something…}

(3) else if(safe()){//do the other…}

(4) }

A. public IOException methodName()

B. public void methodName()

C. public void methodName() throw IOException

D. public void methodName() throws IOException

E. public void methodName() throws Exception

6. (多选)如果下列方法能够正常运行,在控制台上将显示什么 ( )

```
public void example(){
    try{
        unsafe();
        System.out.println("Test1");
    }
    catch(SafeException e)
        {System.out.println("Test 2");}
    finally{System.out.println("Test 3");}
    System.out.println("Test 4");
}
```

A. Test 1　　B. Test 2　　C. Test 3　　D. Test 4

7. 用 main()创建一个类,令其抛出 try 块内的 Exception 类的一个对象。为 Exception 的构建器赋一个字符串参数。在 catch 从句内捕获异常,并打印出字符串参数。添加一个 finally 从句,并打印一条消息,证明程序真正到达那里。

8. 用 extends 关键字创建自定义异常类。为这个类写一个构建器,令其采用 String 参数,并同 String 句柄保存到对象内。写一个方法,令其打印保存下来的 String。创建一个 try-catch 从句,练习实际操作新异常。

9. 写一个类,并令一个方法抛出在练习 8 中创建的类型的一个异常,并试着在没有异常规范的前提下编译它,观察编译器会报告什么;接着添加适当的异常规范。在一个 try-catch 从句中尝试用自己的类捕获自定义异常。

第5章 线程及其操作

5.1 线程的实现

5.1.1 线程的定义

随着计算机的飞速发展,个人计算机上的操作系统也纷纷采用多任务和分时设计,将早期只有大型计算机才具有的系统特性带到了个人计算机系统中。一般可以在同一时间内执行多个程序的操作系统都有进程的概念。一个进程就是一个执行中的程序,每一个进程都有自己独立的一块内存空间、一组系统资源,即每一个进程的内部数据和状态都是完全独立的。

Java 程序通过流控制来执行程序流,程序中单个顺序流控制称为线程。顺序流控制满足下列条件:

- 程序从起始点开始运行
- 每次执行一条语句
- 语句可能有条件判断、循环、函数调用,但每次只有一条语句在执行
- 程序最后在终点退出

线程与进程相似,是一段完成某个特定功能的代码;但与进程不同的是,同类的多个线程是共享一块内存空间和一组系统资源的,而线程本身通常只有微处理器的寄存器数据以及一个供程序执行时使用的堆栈。所以系统在产生一个线程,或者在各个线程之间切换时,负担要比进程小的多,正因如此,线程被称为轻负荷进程(light-weight process)。Java 中的线程由三部分组成,如图 5.1 所示。

图 5.1 线程的组成部分

线程的三个组成部分具体描述如下:

(1) 虚拟的 CPU,封装在 java.lang.Thread 类中。

(2) CPU 所执行的代码,传递给 Thread 类。

(3) CPU 所处理的数据,传递给 Thread 类。

另外要注意的是,线程不是一个完整的可执行程序,它不能自动开始,线程在程序中运行,由程序来启动一个线程。程序的作用是给线程加上一段创建及启动代码。前面学习的程序,其核心都是一个线程。

多线程指的是在单个程序中同时运行多个不同的线程,执行不同的任务。编写程序时,可将每个线程都想象成独立运行,而且都有自己的专用 CPU。而一些基础机制实际会自动分割 CPU 的时间,程序员通常不必关心这些细节问题,所以多线程的代码编写是相当简便

的。多线程意味着一个程序的多行语句看上去几乎在同一时间内同时运行。Java 支持多线程,它的所有类都是在多线程下定义的;它利用多线程使整个系统成为异步系统。一个进程中可以包含多个线程,图 5.2 是传统进程和多线程任务的比较图。

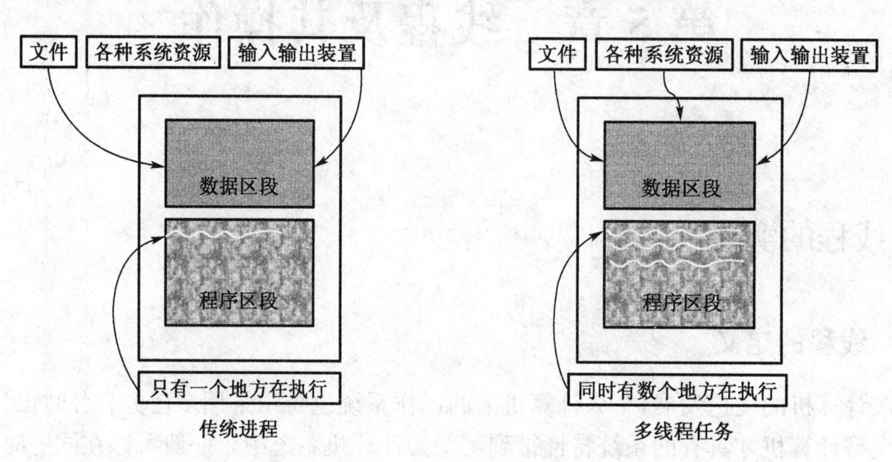

图 5.2 传统进程和多线程任务比较图

多线程的优势主要体现在:

(1) 减轻编写交互频繁、涉及面广的程序的困难。

(2) 程序的吞吐量得到改善。

(3) 有多个处理器的系统,可以并发运行不同的线程(否则,任何时刻只有一个线程在运行)

有些应用程序需要做到"一心二用",一个在前台随时听候用户调遣,另一个在后台完成用户交待的工作,利用多线程程序就可以做到这一点。即让程序启动两个线程,一个在前台接受用户指令,另一个在后台进行具体工作。

多线程的典型例子是 IE 浏览器。利用浏览器浏览网页时,受速度限制,网页不可能一下子就全部显示出来。对于单线程程序,只能耐心地等待网页全部显示出来,然后才能继续控制浏览器;对于多线程程序则可以启动两个线程,线程一下载并显示网页,线程二在前台响应用户的输入,如果用户想翻动页面,线程二会立即做出响应,从而提高浏览器的使用效率。

最后,把容易混淆的几个概念再做一个小结:

(1) 进程:每个进程都有独立的代码和数据空间(进程上下文);进程切换的开销大。

(2) 线程:轻量的进程,同一类线程共享一段代码和一个数据空间,每个线程有独立的运行栈和程序计数器(PC);线程切换的开销小。

(3) 多进程:在操作系统中,同时运行多个任务程序。

(4) 多线程:在同一应用程序中,有多个顺序流同时执行。

5.1.2 创建线程

Java 的线程是通过 java.lang.Thread 类实现的。当生成一个 Thread 类的对象后,一个新的线程就产生了。Thread 类的构造方法为:

public Thread (ThreadGroup group, Runnable target, String name);

其中,group 指明该线程所属的线程组;target 是实际执行线程体的目标对象,它必须实现接口 Runnable; name 为线程名。Java 中的每个线程都有自己的名称,Java 提供了不同 Thread 类构造器,允许给线程指定名称。如果 name 为 null 时,则 Java 自动提供缺省名。

当上述构造方法的某个参数为 null 时,可得到下面几个构造方法:

```
public Thread ();
public Thread (Runnable target);
public Thread (Runnable target, String name);
public Thread (String name);
public Thread (ThreadGroup group, Runnable target);
public Thread (ThreadGroup group, String name);
```

线程类 Thread 中还有许多常用方法如下:

```
public void run()                          //描述线程操作的线程体
public synchronized void start()           //启动已创建的线程对象
public final String getName()              //返回线程名
public final void setName(String name)     //设置线程名
public static int activeCount()            //返回当前活动线程个数
public static Thread currentThread()       //返回当前执行线程对象
public Sting toString()                    //返回线程的字符串信息,包括名字、优先级
                                             和线程组
```

只要一个类声明实现了 Runnable 接口就可以充当线程体,在接口 Runnable 中只定义了一个方法"run():public void run();",这个方法称为线程体,它是整个线程的核心,线程所要完成任务的代码都定义在线程体中。实际上不同功能的线程之间的区别就在于它们的线程体不同。

任何实现接口 Runnable 的对象都可以作为一个线程的目标对象,类 Thread 本身也实现了接口 Runnable,因此可以通过两种方法实现线程体。

(1) 定义一个线程类,它继承线程类 Thread 并重写其中的方法 run()。这时在初始化这个类的实例时,目标 target 可为 null,表示由这个实例来执行线程体。由于 Java 只支持单重继承,用这种方法定义的类不能再继承其他父类。具体实现方法见【程序 5.1】。

【程序 5.1】 通过继承类 Thread 构造线程体。

```
public class myThread extends Thread{
    public void run(){
        while(running){
            // 执行若干操作
            sleep(100);
        }
    }
    public static void main(String args[]){
```

```
        Thread t=new myThread();
            // 执行若干操作
        t.start();
    }
}
```

这种创建线程的方法是采用子类对象实例化父类 Thread 的引用。此方法看似简单，但由于 Java 的单重继承性，当这个类要继承其他超类时（比如后面介绍的图形界面类 JFrame、小程序类 Applet），只能放弃该方法。

(2) 定义一个实现接口 Runnable 的类作为一个线程的目标对象，在初始化一个 Thread 类或者 Thread 子类的线程对象时，把目标对象传递给这个线程实例，由该目标对象提供线程体 run()。这时，实现接口 Runnable 的类仍然可以继承其他父类。

实现 Runnable 接口主要有以下几个步骤：

① 让普通的类实现 Runnable 接口

class MyThread implements Runnable {...}

② 实现 Runnable 接口的 run 函数

public void run() {...}

③ 创建一个普通类的对象

MyThread t=new MyThread();

④ 创建一个线程(Thread)对象，在线程对象构造函数的参数中需要给出普通类的对象以及线程名称

Thread thread1=new Thread(t, "MyThread");

⑤ 调用线程对象的 start 函数，则线程对象会启动线程，并且在该线程中运行普通类的 run 函数

【程序 5.2】通过实现接口 Runnable 构造线程体。

```
public class Xyz implements Runnable{
    int i;
    public void run(){
        while (true) {
            System.out.println("Hello"+i++);
        }
    }
    public static void main(String[] args){
        Xyz r=new Xyz();
        Thread t=new Thread(r);
        t.start();
    }
}
```

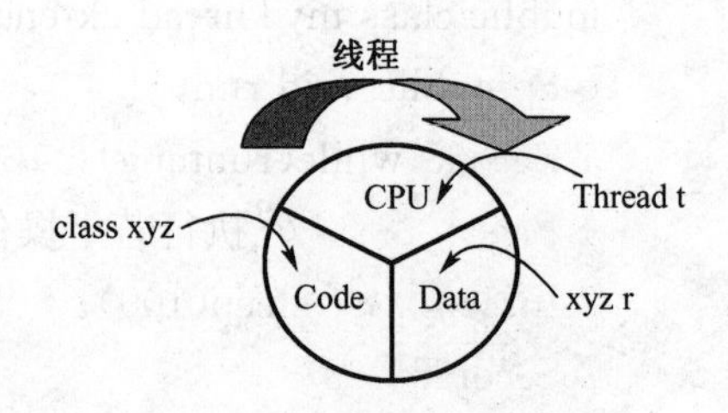

图 5.3 线程的运行环境

线程的运行环境如图 5.3 所示。

下面讨论构造线程体的两种方法的不同：

(1) 使用 Runnable 接口

① 可以将 CPU,代码和数据分开,形成清晰的模型;

② 可以从其他类继承;

③ 容易保持程序风格。

(2) 直接继承 Thread 类

① 不能再从其他类继承;

② 编写简单,可以直接操纵线程,无需使用 Thread. currentThread()。

以下两个完整的线程示例进一步说明了两种线程创建方法的不同之处。

【程序 5.3】 通过继承类 Thread 构造线程体的完整例子。

```
class SimpleThread1 extends Thread {
    public SimpleThread1(String str) {
    super(str); //调用其父类的构造方法
    }
    public void run() { //重写 run 方法
        for (int i=0; i<10; i++) {
            System. out. println(i+""+getName()); //打印次数和线程的名字
            try {
                sleep((int)(Math. random() * 1000)); //线程睡眠,把控制权
                                                        交出
            } catch (InterruptedException e) {}
    }
            System. out. println("DONE!"+getName()); //线程执行结束
        }
    }
    public class TwoThreadsTest {
        public static void main (String args[]) {
            new SimpleThread1("First"). start(); //第一个线程的名字为 First
            new SimpleThread1("Second"). start(); //第二个线程的名字为 Second
        }
    }
```

执行结果:

```
0 First
0 Second
1 Second
1 First
2 First
2 Second
3 Second
3 First
```

```
4 First
4 Second
5 First
5 Second
6 Second
6 First
7 First
7 Second
8 Second
9 Second
8 First
DONE! Second
9 First
DONE! First
```

仔细分析运行结果，会发现两个线程是交错运行的，但感觉就像是两个线程在同时运行，而实际上一台计算机通常只有一个 CPU，某个时刻只能有一个线程在运行。Java 语言在设计时充分考虑到线程的并发调度执行，对于程序员来说，在编程时要注意给每个线程执行的时间和机会，这主要是通过让线程睡眠来实现。即调用 sleep()方法让当前线程暂停执行，然后由其他线程争夺执行的机会。如果上面的程序中没有用到 sleep()方法，则需让第一个线程执行完毕后，第二个线程才能执行，所以用活 sleep()方法是学习线程的一个关键。

【程序 5.4】通过接口构造线程体的完整例子。

```
class SimpleThread2 implements Runnable {
    private int countDown=3;
    private int threadNumber;
    private static int threadCount=0;
    public SimpleThread2() {
        threadNumber=++threadCount;
        System.out.println("Making"+threadNumber);
    }
    public void run() {
        while(true) {
            System.out.println("Thread"+
                threadNumber+"("+countDown+")");
            if(countDown==0) return;
        }
    }
    public void display(){
        System.out.println("All Threads Started");
```

```
    }
}
public class TestThread {
    public static void main(String[] args) {
        for(int i=0; i<3; i++){
            SimpleThread2 st=new SimpleThread2();
            Thread t=new Thread(st, "SimpleThread");
            t.start();
        }
        SimpleThread2 st=new SimpleThread2();
        st.display();
    }
}
```

执行结果为：

```
Making 1
Making 2
Thread 1(3)
Thread 1(2)
Thread 1(1)
Making 3
Making 4
All Threads Started
Thread 2(3)
Thread 2(2)
Thread 2(1)
Thread 3(3)
Thread 3(2)
Thread 3(1)
```

这个例子可创建任意数量的线程，并通过为每个线程分配一个独一无二的编号（由一个静态变量产生），对不同线程进行跟踪。Runable 的 run()方法在这里得到实现，每进行一次循环，计数就减 1，计数为 0 时则完成循环（此时 run()一旦返回，线程就中止运行）。run()方法几乎肯定含有某种形式的循环，它们会一直持续到线程不再需要为止。因此，必须规定特定的条件，以便中断并退出这个循环（或者像【程序 5.4】，简单地从 run()返回）。

Thread 通过 start()对线程进行特殊的初始化，然后调用 run()。所以运行线程的整个步骤包括：调用构造方法来构造对象；用 start()配置线程；调用 run()。

值得注意的是，线程程序每次执行结果不完全相同。

5.2 线程的状态及调度

5.2.1 线程的状态

图 5.4 表示 Java 线程的不同状态以及状态之间转换调用的方法。

从图 5.4 看出线程具有四种基本状态，它们分别是：创建状态(New Thread)、可运行状态(Runnable)、不可运行状态(Not Runnable)和死亡状态(Dead)。下面具体看这几种状态的产生条件及相互间的转换方式。

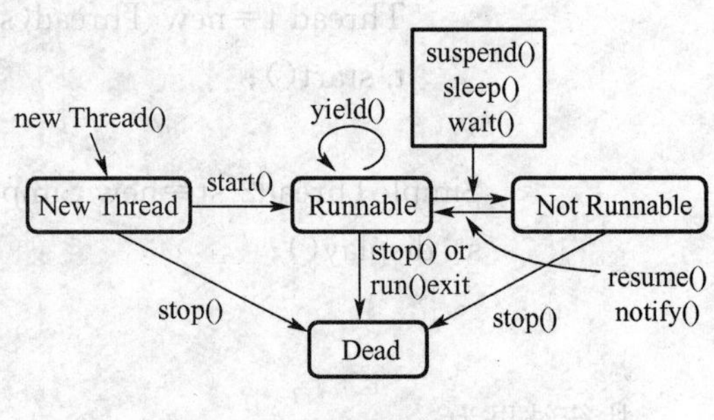

图 5.4 线程的运行环境

1) 创建状态(New Thread)

执行下列语句时，线程是处于创建状态：

Thread myThread＝new Thread()；

当一个线程处于创建状态时，它仅仅是一个空的线程对象，系统不为它分配资源。

2) 可运行状态(Runnable)

Thread myThread＝new Thread()；

myThread. start()；

当一个线程处于可运行状态时，系统为这个线程分配它需要的系统资源，安排其运行并调用线程运行方法。需要注意的是，这一状态并不是运行中状态(Running)，因为线程也许实际上并未真正运行。由于很多计算机都是单处理器的，所以要在同一时刻运行所有处于可运行状态的线程是不可能的，Java 运行系统必须通过调度来保证这些线程共享处理器。

3) 不可运行状态(Not Runnable)

进入不可运行状态的原因有如下几条：

(1) 调用 sleep(毫秒数)方法，使线程进入“睡眠”状态。则在规定的时间内，这个线程是不会运行的；

(2) 调用 suspend()方法，暂停线程的执行。除非线程收到 resume()消息，否则不会返回可运行状态；

(3) 为等候一个条件变量，线程调用 wait()方法。除非线程收到 notify()或者 notifyAll()消息，否则不会变成可运行；

(4) 输入输出流中发生线程阻塞；

(5) 线程试图调用另一个对象的同步方法，但那个对象处于锁定状态，暂时无法使用；

(6) 线程调用 yield()(Thread 类的一个方法)自动放弃 CPU，以便其他线程能够运行。

不可运行状态也称为阻塞状态(Blocked)，是因为某种原因(输入/输出、等待消息或其他阻塞情况)，系统不能执行线程的状态。这时即使处理器空闲，也不能执行该线程。

4) 死亡状态(Dead)

线程的终止一般通过两种方法实现：自然撤销(线程执行完)、强制中止(调用 stop()方法)。目前不推荐通过调用 stop()来终止线程的执行。

【程序 5.5】示例说明线程四种状态间的转换过程。

```
public class Clock extends java. applet. Applet implements Runnable { //实现接口
    Thread clockThread;
    public void start() { //该方法是 Applet 的方法,不是线程的方法
        if (clockThread==null) {
            clockThread=new Thread(this, "Clock"); //进入线程创建态
            /*线程体是 Clock 对象本身,线程名字为"Clock"*/
            clockThread. start(); //启动线程,线程进入运行态
        }
    }
    public void run() { //run()方法中是线程执行的内容
        while (clockThread != null) {
            repaint(); //刷新显示画面
            try {
                clockThread. sleep(1000); //睡眠 1 s,即每隔 1 s 执行一次,线程
                                          //进入不可运行态
            } catch (InterruptedException e){}
        }
    }
    public void paint(Graphics g) {
        Date now=new Date(); //获得当前的时间对象
        g. drawString(now. getHours()+":"+now. getMinutes()+":"+now. getSeconds(), 5, 10);
                                                                    //显示当前时间
            }
    public void stop() { //该方法是 Applet 的方法,不是线程的方法
        clockThread. stop(); //终止线程,线程进入死亡态
        clockThread=null;
    }
}
```

这个例子是通过每隔 1 s 执行线程的刷新画面功能,显示当前时间,看起来的效果就像一个时钟,每隔 1 s 变化一次。由于该类还继承了 Applet,所以,采用实现接口 Runnable 的方式,这样 Clock 就可以 Applet 的方式运行。

5.2.2 线程的调度与优先级

Java 提供一个线程调度器来监控程序中启动后进入就绪状态的所有线程,线程调度器按照线程的优先级决定应调度哪个线程执行。

线程调度器按线程的优先级高低选择高优先级线程执行(进入运行中状态),同时线程调度采用抢先式调度,即如果在当前线程执行过程中,一个更高优先级的线程进入可运行状态,则更高优先级线程立即被调度执行。

抢先式调度又分为时间片方式和独占方式。在时间片方式下，当前活动线程执行完当前时间片后，如果有其他处于就绪状态的相同优先级的线程，系统会将执行权交给其他就绪状态的同优先级线程；当前活动线程转入等待执行队列，等待下一个时间片的调度。在独占方式下，当前活动线程一旦获得执行权，将一直执行下去，直到执行完毕或由于某种原因主动放弃 CPU。

下面几种情况下，当前活动线程会放弃 CPU：

(1) 线程调用了 yield() 或 sleep() 方法主动放弃。

(2) 当前线程进行 I/O 访问、外存读写、等待用户输入等操作，导致线程阻塞；或者等候一个条件变量，线程调用 wait()方法。

(3) 有高优先级的线程处于就绪状态；在时间片方式下，当前时间片用完，有同优先级的线程处于就绪状态。

总之，操作系统通过复杂的调度程序对 CPU 进行调度，目的是让上百个线程能有条不紊地进行处理，避免出现执行混乱或某个线程长久得不到处理的情况。

线程的优先级(Priority)告诉调试程序该线程的重要程度有多大。如果有大量线程被堵塞，都在等候运行，调试程序会首先运行具有最高优先级的那个线程。可见，高优先级的线程比低优先级的线程更早执行，还可以打断低优先级线程的运行抢先执行。然而，这并不表示优先级较低的线程不会被运行(换言之，不会因为存在优先级而导致死锁)，线程的优先级较低，只不过表示它被准许运行的机会小一些。

Java 将线程的优先级分为 10 个等级，用数字 1～10 表示。数字越大表明线程的优先级越高，缺省情况下的优先级为 5。Java 语言在线程类 Thread 中定义了表示线程最低、最高和普通优先级的常量 MIN_PRIORITY、MAX_PRIORITY 和 NORMAL_PRIORITY，代表的优先级等级分别为 1、10 和 5。

下述方法可以对优先级进行操作：

```
int getPriority(); //得到线程的优先级
void setPriority(int newPriority); //当线程被创建后，可通过此方法改变线程的优先级
```

举例如下：

```
// 将线程设为最低优先级
thread1.setPriority(Thread.MIN_PRIORITY);
// 将线程设为最高优先级
thread1.setPriority(Thread.NORM_PRIORITY);
// 将线程设为普通优先级(缺省值)
thread1.setPriority(Thread.MAX_PRIORITY);
// 将线程优先级设为 3
thread1.setPriority(3);
```

【程序 5.6】生成三个不同线程，其中一个线程在最低优先级下运行，另两个线程在最高优先级下运行。

```
class ThreadTest{
    public static void main(String args []) {
```

```
        Thread t1=new MyThread("T1");
        t1.setPriority(Thread.MIN_PRIORITY); //设置优先级为最小
        t1.start();
        Thread t2=new MyThread("T2");
        t2.setPriority(Thread.MAX_PRIORITY); //设置优先级为最大
        t2.start();
        Thread t3=new MyThread("T3");
        t3.setPriority(Thread.MAX_PRIORITY); //设置优先级为最大
        t3.start();
    }
}
class MyThread extends Thread {
    String message;
        MyThread (String message) {
            this.message=message;
        }
        public void run() {
            for(int i=0; i<3; i++)
            System.out.println(message+" "+getPriority());
                                                    //获得线程的优先级
        }
}
```

执行结果为：

```
T2 10
T2 10
T2 10
T3 10
T3 10
T3 10
T1 1
T1 1
T1 1
```

由例可见，虽然 t1 线程先启动，但 t2、t3 线程具有更高的优先级，因此后两者立即抢断了前者的执行，直到 t2、t3 线程全部执行完后，才轮到 t1 线程执行。

5.2.3 控制线程

1) 终止线程

线程终止后，其生命周期结束，进入死亡态，终止后的线程不能再被调度执行。在以下两种情况下，线程进入终止状态：

(1) 线程执行完 run()方法后，会自然终止。

(2) 调用线程的实例方法 stopRunning()来终止。举例如下：

```
public class Xyz implements Runnable{
    public void run(){
        while(true){
            ……  // 执行线程的主要操作
            if (time_to_die){
                Thread. currentThread(). stopRunning();
            }
        }
    }
}
```

应尽量避免使用 stop()，通过设置一个标志位告诉线程什么时候退出自己的 run()方法。将上例进行适当修改：

```
public class Xyz implements Runnable {
    private boolean timeToQuit=false; //标志位初始值为假
    public void run() {
        while(! timeToQuit) { //只要标志位为假，线程继续运行
            ……
        }
    }
    public void stopRunning() {
            timeToQuit=true; } //标志位为真，程序正常结束
    }
    public class ControlThread {
        private Runnable r=new Xyz();
        private Thread t=new Thread(r);
        public void startThread() {
            t. start();
        }
        public void stopThread() {
            r. stopRunning(); }
                //通过调用 stopRunning 方法来终止线程运行
        }
```

2) 测试线程状态

可以通过 Thread 中的 isAlive()方法来获知线程是否处于活动状态，该方法返回一个布尔值。线程由 start()方法启动后，在其被终止之前的任何时刻，都处于 Alive 状态。

【程序 5.7】 测试线程状态的例子。

```
class NewThread extends Thread{
```

```
Thread t;
NewThread(String threadName){
    t=new Thread(this,threadName);
    System.out.println("Child thread:"+t);
    t.start();
}
public void run() {
    try{
            for(int i=3; i>0; i--){
                System.out.println("Child Thread:"+i);
                Thread.sleep(1000);
            }
        }catch(Exception e){
            System.out.println("Child interrupted.");
        }
        System.out.println("Exiting child thread:"+getName());
    }
}
public class MyTest {
    public static void main(String[] args) {
        NewThread obj1=new NewThread("one");
        NewThread obj2=new NewThread("two");
        NewThread obj3=new NewThread("three");
        System.out.println("Thread one is alive:"+obj1.t.isAlive());
                                                    //输出线程1测试结果
        System.out.println("Thread two is alive:"+obj2.t.isAlive());
                                                    //输出线程2测试结果
        System.out.println("Thread three is alive:"+obj3.t.isAlive());
                                                    //输出线程3测试结果
    }
}
```

执行结果为：

```
Child thread: Thread[one, 5, main]
Child thread: Thread[two, 5, main]
Child Thread: 3
Child Thread: 3
Child thread: Thread[three, 5, main]
Thread one is alive: true
Thread two is alive: true
```

```
Thread three is alive: true
Child Thread: 3
Child Thread: 2
Child Thread: 2
Child Thread: 2
Child Thread: 1
Child Thread: 1
Child Thread: 1
Exiting child thread: Thread-1
Exiting child thread: Thread-2
Exiting child thread: Thread-3
```

3）线程的暂停和恢复

有以下几种方法可以暂停一个线程的执行，并在适当的时候再恢复。

（1）sleep()方法

sleep()有一个参数，通过参数可使线程在指定的时间内进入停滞状态，即使当前线程睡眠（停止执行）若干毫秒，线程由运行中状态进入不可运行状态。停止执行时限到后，线程自动进入可运行状态。

调用 sleep()后，线程不会释放它的"锁标志"——synchronized。Java 为每个对象分配一把锁，该对象的所有线程共享这把锁，只有持有锁的线程才可以被执行。当某个线程体用 synchronized 修饰时，表明在某对象的当前线程终止之前，该对象的其他线程不得运行，即使当前线程处于休眠状态。

【程序 5.8】用 sleep()方法暂停线程的例子。

```
class TestSleepMethod implements Runnable{
    public static int shareVar=0;
    public synchronized void run(){ //为线程体设置锁标志"synchronized"
        for(int i=0; i<3; i++){
            System.out.print(Thread.currentThread().getName());
            System.out.println(":"+i);
            try{
                Thread.currentThread().sleep(1000);
            }
            catch(InterruptedException e){
                System.out.println("Interrupted");
            }
        }
    }
}
    public class TestSleep{
        public static void main(String[] args){
```

```
            TestSleepMethod r1=new TestSleepMethod();
            TestSleepMethod r2=new TestSleepMethod();
            Thread t1=new Thread(r1, "t1");
            Thread t2=new Thread(r1, "t2"); //注意 t2 线程仍由 r1 对象产生
            t1.start();
            t2.start();
    }
}
```

运行结果为：

```
t1：0
t1：1
t1：2
t2：0
t2：1
t2：2
```

这里 synchronized 保护的是共享数据。t1、t2 是同一个对象(r1)的两个线程，当其中的一个线程(t1)开始执行 run() 方法时，由于受 synchronized 保护，所以同一个对象的其他线程(t2)无法访问 synchronized 方法(run 方法)。只有当 t1 执行完后，t2 才有机会执行。

而当"Thread t2=new Thread(r1, "t1");"改为"Thread t2=new Thread(r2, "t2");"时，由于 t1 和 t2 分别是两个对象(r1、r2)的线程，所以当线程 t1 通过 sleep()进入停滞释放共享资源时，调度器会从就绪队列中调用其他对象的可执行线程，使 t2 线程被启动。

(2) yield()

如果在就绪队列中有其他同优先级的线程，yield()把调用者放入就绪队列尾，并允许其他线程运行；如果没有这样的线程，则 yield()不做任何工作。它与 sleep()方法的不同之处是：sleep()允许低优先级进程运行，而 yield()方法只给同优先级线程运行机会。

【程序 5.9】用 yield()方法暂停线程的例子。

```
public class TestYield implements Runnable {
    public void run() {
        for (int k=0; k<5; k++) {
            if (k==2&& Thread.currentThread().getName().equals("t1")) {
            Thread.yield(); //试图用 yield()方法暂停当前线程
            }
        System.out.println(Thread.currentThread().getName()+" :"+k);
        }
}
public static void main(String[] args) {
    Runnable r=new TestYield();
    Thread t1=new Thread(r, "t1");
    Thread t2=new Thread(r, "t2");
```

```
        t1.setPriority(Thread.MAX_PRIORITY);
        t2.setPriority(Thread.MIN_PRIORITY);
        t1.start();
        t2.start();
    }
}
```

输出结果：

```
t1:0
t1:1
t1:2
t1:3
t1:4
t2:0
t2:1
t2:2
t2:3
t2:4
```

多次运行这个程序，输出结果一样，这说明 yield() 方法不会使低优先级线程有执行的机会。如把该例中“Thread.yield();”语句改为：

```
try{
        Thread.currentThread().sleep(1000);
    }
catch(InterruptedException e){
        System.out.println("Interrupted");
    }
```

则输出结果有可能变为：

```
t1:0
t1:1
t2:0
t2:1
t2:2
t2:3
t2:4
t1:2
t1:3
t1:4
```

可见，sleep()方法允许在高优先级线程休眠期间，执行低优先级线程。

值得一提的是，当调用 yield ()函数后，线程同样不会释放它的“锁标志”。也就是说，将【程序 5.8】中的 sleep()语句改为“Thread.yield();”后，输出结果仍然一样。

(3) join()

当前线程等待调用该方法的线程结束后再恢复执行。

【程序 5.10】 用 join()方法恢复线程的例子。

```
public class ThreadTest implements Runnable {
    public static int a=0;
    public void run() {
        for (int k=0; k<5; k++) {
            a=a+1;
        }
    }
    public static void main(String[] args) {
        Runnable r=new ThreadTest();
        Thread t=new Thread(r);
        t.start();
        System.out.println(a);
    }
}
```

这时程序的输出结果是 5 吗？答案是有可能。其实很难遇到输出为 5 的情况，通常都不是 5。那么怎样才能让输出结果一定为 5？join()方法提供了这种功能。join() 方法能够使调用该方法的线程在此之前执行完毕。

只要把【程序 5.10】的 main()方法修改如下：

```
public static void main(String[] args) throws Exception {
    Runnable r=new ThreadTest();
    Thread t=new Thread(r);
    t.start();
    t.join();
    System.out.println(a);
}
```

这时，输出结果肯定是 5。join()方法会抛出异常，应该提供捕获代码，或留给 JDK 捕获。

(4) suspend()和 resume()方法

通过调用线程的 suspend()方法使线程暂时由可运行态切换到不可运行态；若此线程想再回到可运行态，必须由其他线程调用 resume()方法来实现。调用 suspend()函数，线程不会释放它的“锁标志”。

由于从 JDK1.2 开始就不再使用 suspend()和 resume()(因为它们具有死锁倾向)，而改用 wait()和 notify()方法，这里就不再举例详述此方法了。

(5) wait()和 notify()方法

wait()、notify()、notifyAll() 这些方法由 java.lang.Object 类提供，而上面介绍的方法都由 java.lang.Thread 类提供(继承 Thread 类或实现 Runnable 接口)。因此可以直接

用本类对象调用上述方法,而无须采用线程对象调用。

通过前面的例子已知,无论 sleep()、yield()还是 suspend()都不会在调用的时候解除线程锁定,在需要用到对象锁时,应务必注意这个问题。而 wait()方法在调用时却会解除线程锁定,这意味着可在执行 wait()期间调用线程对象中的其他同步方法。

当一个对象执行 notify()时,系统会从线程等待池中移走该对象的任意一个线程,并把它放到锁标志等待池中;当一个对象执行 notifyAll()时,系统会从线程等待池中移走该对象的所有线程,并把它们放到锁标志等待池中。

当一个线程执行 notify()后,它并不立即变为可执行状态,而仅仅是从等待池中移入锁标志等待池中。这样,在重新获得锁标志之前,它仍旧不能继续运行。

在实际实现中,方法 wait()既可以被 notify()终止,也可以通过调用线程的 interrupt()方法来终止。但后一种情况下,wait()会抛出一个 Interrupted Exception 异常,所以需要把它放在 try/catch 结构中。

锁标志等待池中的线程只有获得对象的锁标志后,才允许从上次因调用 wait() 而中断的地方开始继续运行。

使用 wait()和 notify()方法的线程状态图如图 5.5 所示。

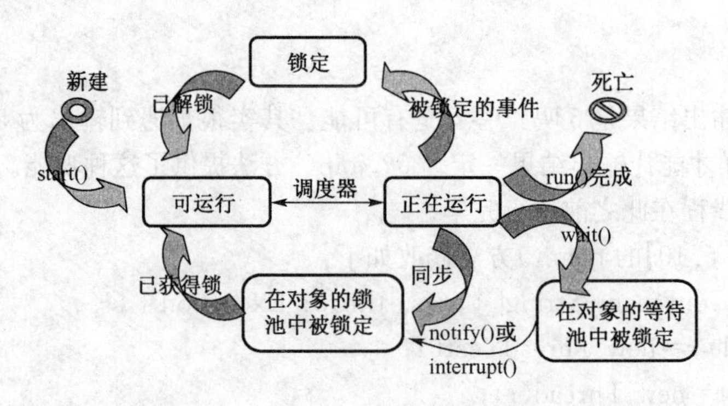

图 5.5 wait()和 notify()方法的线程状态图

wait()函数有两种形式:第一种形式带一个毫秒值,用于在指定时间长度内暂停线程,使线程进入停滞状态;第二种形式不带参数,代表在 notify()或 notifyAll()之前会持续停滞。

当调用 wait()后,线程会释放它所占有的锁标志,从而使线程所在对象中的 synchronized 数据可被别的线程使用。

【程序 5.11】用 wait()方法暂停线程,并用 notify()方法恢复线程的例子。

```
public class WaitTest implements Runnable {
public static int shareVar=0;
public synchronized void run() {
if (shareVar==0) {
for (int i=0; i<10; i++) {
shareVar++;
if (shareVar==5) {
try {
```

```
this.wait(); //(3)
}
catch (Exception e) {}
}
}
}
if (shareVar != 0) {
System.out.print(Thread.currentThread().getName());
System.out.println(" shareVar="+shareVar);
this.notify(); //(4)
}
}
public static void main(String[] args) {
Runnable r=new WaitTest();
Thread t1=new Thread(r, "t1");
Thread t2=new Thread(r, "t2");
t1.start(); //(1)
t2.start(); //(2)
}
}
```

运行结果为：

```
t2 shareVar=5
t1 shareVar=10
```

当代码(1)的线程执行到代码(3)时，进入停滞状态，并释放对象的锁标志。接着，代码(2)的线程执行 run()，由于此时 shareVar 值为 5，所以执行打印语句并调用代码(4)使代码(1)的线程进入可执行状态，然后代码(2)的线程结束。当代码(1)的线程重新执行后，它接着执行 for()循环直到 shareVar=10，然后打印 shareVar。

wait()和 notify()因为对对象的“锁标志”进行操作，所以它们必须在 synchronized 函数或 synchronized 块中进行调用。如果在 non-synchronized 函数或 non-synchronized 块中进行调用，虽然能编译通过，但在运行时会发生 IllegalMonitorStateException 异常。

若必须等候其他某些条件(从线程外部加以控制)发生变化，同时又不想在线程内一直等下去，一般就需要用到 wait()。wait()允许将线程置入“睡眠”状态，同时又积极地等待条件发生改变。而且只有在 notify()或 notifyAll()被调用的时候，线程才会被唤醒，并检查条件是否有变。因此，它提供了在线程间进行同步的一种手段。

5.3 线程的同步

Java 应用程序的多个线程共享同一进程的数据资源，多个用户线程在并发运行过程中可能同时访问具有敏感性的内容。线程之间的执行顺序是随机的，不能设定某个线程先执

行、某个线程后执行。但有时需要对几个线程进行同步,例如,保证在线程写数据之后再调另一线程读数据;保证一个线程将数据入栈之后才能由另一个线程进行出栈操作等。即对共享资源(如内存、对象)的访问必须同步,以维护共享资源的一致性。

Java 语言允许通过监视器(有的参考书称为管程)实现线程同步。监视器阻止两个线程同时访问同一个共享资源,它如同锁一样作用在数据上。如图 5.6 所示,线程 1 进入 withdrawal 方法时,获得监视器(加锁);当线程 1 的方法执行完毕返回时,释放监视器(开锁),线程 2 方能进入 withdrawal。

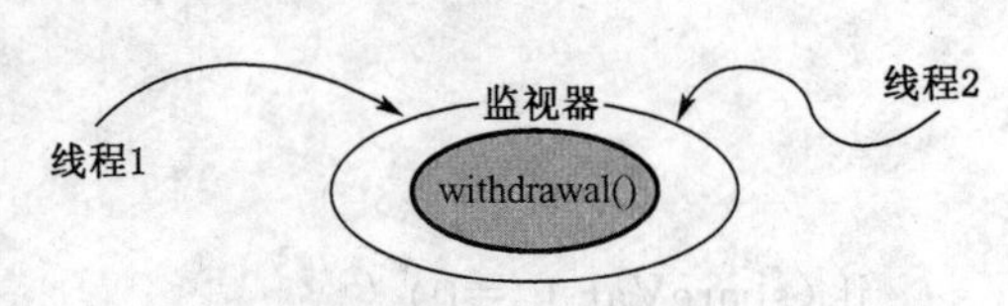

图 5.6 监视器实现线程同步

用 synchronized 标识的区域或方法即为监视器监视的部分。一个类或一个对象只有一个监视器,如果一个程序内有两个方法使用 synchronized 标志,则它们在同一个监视器管理之下,举例如下:

```
synchronized int read() {/*... */}
synchronized void write() {/*... */}
```

为一个对象调用 read()时,便不能再为同样的对象调用 write(),除非 read()完成并解除锁定。一个特定对象的所有 synchronized 方法都共享着一把锁,这把锁能防止多个方法对通用内存同时进行操作。

当一个线程拥有锁定标志时,其他线程由于得不到锁定标志,而不能继续执行;而这个线程被加入到对象的锁定池中。锁定池与锁定标志相连,当持有锁定标志的线程运行完 synchronized()调用包含的程序块后,这个标志将会被自动返回(即使被同步的程序块产生了一个异常,或者由于某个循环中断跳出了该程序块,这个标志也能被正确返回)。第一个等待它的线程得到它并继续运行,运行过程如图 5.7 所示。

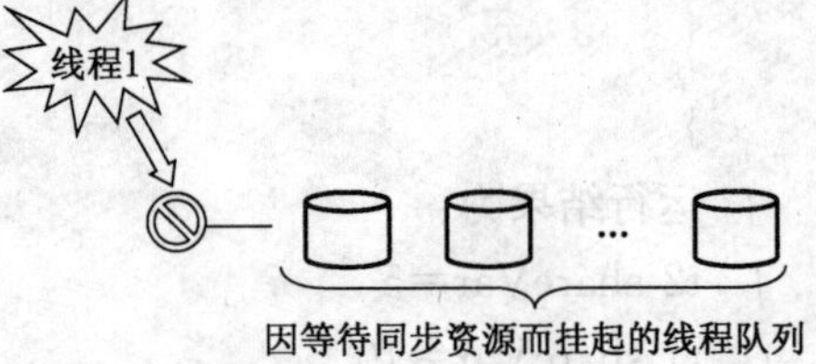

图 5.7 线程运行过程图

synchronized 关键字的使用范围有以下几种:

• 用 synchronized 关键字修饰方法

(1) 在某个对象实例内,synchronized aMethod()可以防止多个线程同时访问这个对象的 synchronized 方法(如果一个对象有多个 synchronized 方法,只要某个线程访问了其中的一个 synchronized 方法,其他线程就不能同时访问这个对象中任何一个 synchronized 方法)。但不同对象实例的 synchronized 方法是不相干扰的;也就是说,其他线程照样可以同时访问相同类的另一个对象实例中的 synchronized 方法。

synchronized 方法控制对类成员变量的访问:每个类实例对应一把锁,每个 synchronized 方法都必须获得调用该方法的类实例的锁方能执行,否则所属线程阻塞;方法一旦执行,就独占该锁,直到该方法返回才将锁释放,此时被阻塞的线程方能获得该锁,重新进入可执行状态。这种机制确保了同一时刻对于每一个类实例,其所有声明为 synchronized 的成员函数中至多只有一个处于可执行状态(因为至多只有一个能够获得该类实例对应的锁),从而有效避免了类成员变量的访问冲突(只要所有可能访问该类成员变量的方法均被声明为 synchronized)。

(2) 在某个类的范围内，synchronized static aStaticMethod 可以防止多个线程同时访问这个类中的 synchronized static 方法。它对类的所有对象实例起作用。

在 Java 中，不光是类实例，每一个类也对应一把锁，这样可将类的静态成员函数声明为 synchronized，以控制其对类的静态成员变量的访问。

• 用 synchronized 关键字修饰区块

synchronized 关键字除了可用在方法前，还可以用于方法的某个区块中，表示只对这个区块的资源实行互斥访问。

用法 synchronized(this){/ * 区块 * /}，作用域是当前对象。

这时锁就是对象，哪个线程拿到锁就可以运行它控制的那段代码。当有一个明确的对象作为锁时，可以 this 为 synchronized()的参数；但当没有明确的对象作为锁，只是想让一段代码同步时，应创建一个特殊的 instance 变量(它必须是一个对象)来充当锁，举例如下：

```
class Foo implements Runnable
{
private Byte[] lock=new Byte[0]; // 特殊的 instance 变量
Public void methodA()
{
synchronized(lock) {//……}
}
//…….
}
```

• 将 synchronized 作用于类名称字面常量。示例代码如下：

```
Class Foo
{
public synchronized static void methodAAA() // 同步的 static 函数
{
//…….
}
public void methodBBB()
{
synchronized(Foo.class) // class literal(类名称字面常量)
}
}
```

代码中的 methodBBB()方法是把 class literal 作为锁，它和同步 static 函数产生的效果是一样的，取得的锁是当前调用这个方法的对象所属的类，而不再是由这个类产生的某个具体对象。

如果一个类中定义了一个 synchronized 的 static 函数 A，也定义了一个 synchronized 的 instance 函数 B，那么这个类的同一对象 Obj 在多线程中分别访问 A 和 B 两个方法时，不会构成同步，因为它们的锁不一样。B 函数的锁是 Obj 这个对象，而 A 函数的锁是 Obj 所属的那个Class。

【程序5.12】线程同步的完整示例。

```
public class ReadWriteDemo {                                    //主测试类
    public static void main(String[] args) {
    TransData theData=new TransData();
    new ReadThread("ReadData", theData).start();
    new WriteThread("WriteData", theData).start();
    }
}
class TransData {                                               //读写操作类
    private int data;
    private boolean hasData=false;
    public boolean isEnd=false;
    public synchronized int get() {                             //读同步操作
    while (! hasData) {
    try {
        wait();                                                 //等待被写操作唤醒
    } catch (InterruptedException e) {}
    }
    hasData=false;
    System.out.println("                                        读取的数据为:"+data);
    notifyAll();                                                //唤醒写操作
    return data;
}
    public synchronized void put(int newData) {                 //写同步操作
    while (hasData) {
    try {
        wait();                                                 //等待被读操作唤醒
    } catch (InterruptedException e) {}
    }
    data=newData;
    System.out.println("写入的数据为:"+data);
    hasData=true;
    notifyAll();                                                //唤醒读操作
}
    }
class ReadThread extends Thread {                               //读数据线程类
    private TransData theData;
    public ReadThread(String str, TransData theData) {
```

```
        super(str);
        this.theData=theData;
        }
        public void run() {
        int newData;
        do {
            newData=theData.get();
        } while(! theData.isEnd);
        }
}
class WriteThread extends Thread{                    //写数据线程类
        private TransData theData;
        public WriteThread(String str, TransData theData) {
        super(str);
        this.theData=theData;
        }
        public void run() {
        for (int i=0; i<10; i++) {
        if (i==9)
            theData.isEnd=true;
        theData.put(i);
        }
}
}
```

执行结果为:

```
写入的数据为:0
        读取的数据为:0
写入的数据为:1
        读取的数据为:1
写入的数据为:2
        读取的数据为:2
写入的数据为:3
        读取的数据为:3
写入的数据为:4
        读取的数据为:4
写入的数据为:5
        读取的数据为:5
写入的数据为:6
        读取的数据为:6
```

写入的数据为:7

读取的数据为:7

写入的数据为:8

WriteThread 和 ReadThread 分别对同一对象进行写入和读出操作。这个数据对象一次只能写一个数据,因此写线程写入一个数据后,必须要等读线程读出,才能再次写入,否则会造成上次写入的数据丢失。标志变量 hasData 表示对象中是否有数据;标志变量 isEnd 表示写是否完毕。

综合以上内容,在 synchronized 关键字的使用上,我们需要明确以下几个问题:

(1) synchronized 关键字可以作为函数的修饰符,也可作为函数内的语句,即同步方法和同步语句块。再细分,则 synchronized 可作用于 instance 变量、object reference(对象引用)、static 函数和 class literals(类名称字面常量)。

(2) 无论 synchronized 关键字是用在方法上还是对象上,它取得的锁都是对象,而不是把一段代码或函数当作锁。同步方法很可能会被其他线程的对象访问。

(3) 每个对象只有一个锁(lock)与之相关联。

(4) 实现同步是以很大的系统开销为代价的,甚至可能造成死锁,所以尽量避免无谓的同步控制。

值得一提的是,synchronized 关键字是不能继承的,也就是说,基类的方法 synchronized f()在继承类中并不是 synchronized f(),而变成了 f()。继承类需要显式的指定它的某个方法为 synchronized 方法。

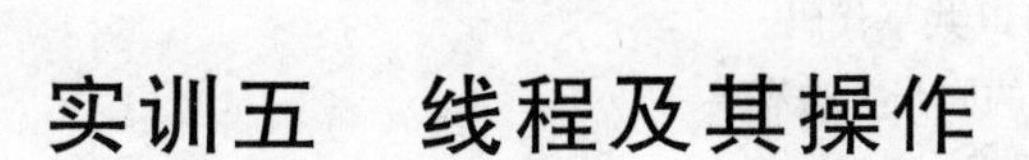

实训五　线程及其操作

一、实训目的

1. 熟练掌握Java线程的实现方法。
2. 学习Java中线程的使用，掌握线程的调度和控制方法。
3. 清楚地理解多线程互斥和同步的实现原理以及多线程的应用。

二、实训内容

1. 创建两个Thread子类，第一个的run()方法用于最开始的启动，并捕获第二个Thread对象的句柄，然后调用wait()；第二个类的run()应在几秒后为第一个线程调用modifyAll()，使第一个线程打印出一条消息。

2. 创建并运行三个线程：第一个打印100次字母a；第二个打印100次字母b；第三个打印整数1～100。分别使用Thread类和实现Runnable接口创建线程。

3. 假设把系统中使用某类资源的线程称为消费者，产生或释放同类资源的线程称为生产者。试编写一程序，生产者线程向文件中写数据，消费者从文件中读数据，这样，在这个程序中同时运行的两个线程共享同一个文件资源。要求按下列要求完成程序：类Producer是生产者模型，其中的run()方法定义了生产者线程所做的操作，循环调用push()方法，将生产的20个字母送入堆栈中；每次执行完push操作后，其调用sleep()方法睡眠一段随机时间，给其他线程执行的机会。类Consumer是消费者模型，循环调用pop()方法，从堆栈中取出一个数据，一共取20次；每次执行完pop操作后，调用sleep()方法睡眠一段随机时间，给其他线程执行的机会。

习　题

1. 以下哪个不是线程的组成部分　　（　　）

   A. 处理器　　B. 代码　　C. 数据　　D. 显示器

2. 关于Runnable接口，正确的说法是　　（　　）

   A. 实现了Runnable接口就可以用start()方法启动线程

   B. Runable接口提供了通过线程执行程序的最基本的接口

   C. Thread类实现了Runnable接口

   D. Runnable只定义了一个run()方法

3. 下面说法正确的是　　（　　）

   A. Java中线程调度是抢占式的

   B. Java中线程调度是分时的

C. Java 中的线程可以共享数据

D. Java 中的线程可以共享代码

4. 下面属于 Java 线程的同步方法有(　　)

A. join()　　B. run()　　C. wait()　　D. destroy()

5. 下面哪个方法是过时的(　　)

A. stop()　　B. resume()　　C. yield()　　D. start()

6. 创建两个线程，每个线程打印出线程名字后再睡眠，给其它线程执行的机会，每个线程前后共睡眠 5 次。要求分别采用从 Thread 类中继承和实现 Runnable 接口两种方式来实现程序。

7. 编写三个线程分别显示各自的运行时间，第一个线程每隔 1 s 运行一次，第二个线程每隔 5 s 运行一次，第三个线程每隔 10 s 运行一次。

第6章　图形用户界面的设计与实现

6.1　Java图形用户界面概述

图形用户界面(Graphics User Interface, GUI)是为应用程序提供一个图形化的界面。GUI使用图形的方式，借助菜单、按钮等标准界面元素和鼠标操作，帮助用户方便地向计算机系统发出命令、启动操作，并将系统运行的结果同样以图形的方式显示给用户，使一个应用程序具有画面生动、操作简便的效果，省去了字符界面中用户必须记忆各种命令的麻烦，深受广大用户的喜爱和欢迎，已经成为目前几乎所有应用软件的既成标准。

Java语言中，为了方便图形用户界面的开发，设计了专门的类库来生成各种标准图形界面元素和处理图形界面的各种事件。这个用来生成图形用户界面的类库就是java.awt包。AWT是abstract window toolkit(抽象窗口工具集)的缩写。所谓抽象，是因为Java是一种跨平台的语言，要求Java程序能在不同的平台系统上运行对于图形用户界面尤其困难。为了达到这个目标，AWT类库中的各种操作被定义成在一个并不存在的"抽象窗口"中进行。正如Java虚拟机使得Java程序独立于具体的软硬件平台一样，"抽象窗口"使得开发人员所设计的界面独立于具体的界面实现。也就是说，开发人员用AWT开发出的图形用户界面可以适用于所有的平台系统。当然，这仅是理想情况，实际上AWT的功能还不是很完全，Java程序的图形用户界面在不同的平台上(例如在不同的浏览器中)可能会出现不同的运行效果，如窗口大小、字体效果将发生变化等。

简单地说，图形用户界面是一组图形界面成分和界面元素的有机组合，这些成分和元素之间不但外观上有着包含、相邻、相交等物理关系，内在也有包含、调用等逻辑关系，它们互相作用、传递消息，共同组成一个能响应特定事件，具有一定功能的图形界面系统。

设计和实现图形用户界面的工作主要有两个：

(1) 创建组成界面的各成分和元素，指定它们的属性和位置关系，根据具体需要排列它们，从而构成完整的图形用户界面的物理外观。

(2) 定义图形用户界面的事件和各界面元素对不同事件的响应，从而实现图形用户界面与用户的交互功能。

Java中构成图形用户界面的各种元素和成分可以粗略地分为三类：容器、控制组件和用户自定义成分。

6.2　标准组件

6.2.1　组件分类

AWT提供了构造图形用户界面需要的基本GUI组件。这些GUI组件由java.awt包中相应的类表示，并通过它们进行访问和使用。java. awt 包是 java 基本包中最大的一个，其中定义了所有 GUI 组件类以及其他用于构造图形用户界面的类，如字体类 Font、绘图类 Graphics 和图像类 Image 等(见图 6. 1)。

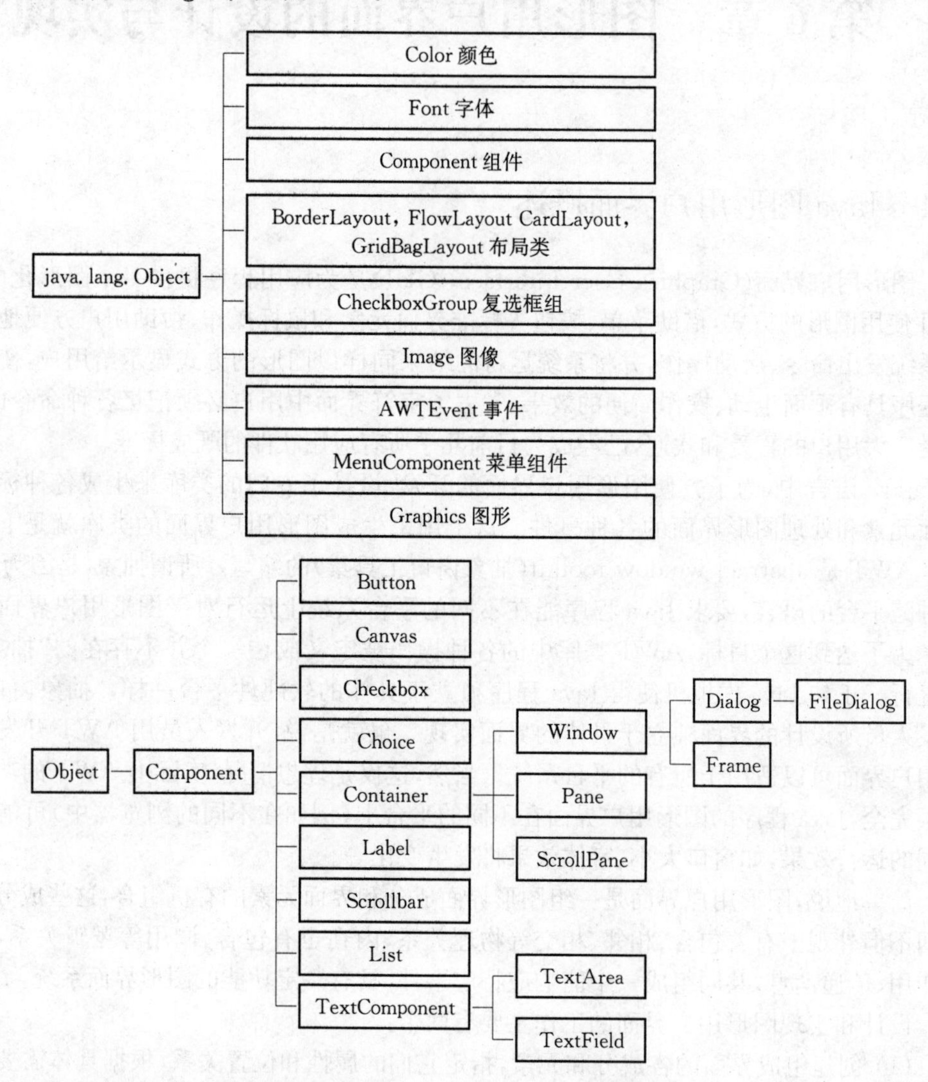

图 6. 1　java. awt 包中定义的 GUI 组件类及其类结构图

6. 2. 2　容器类组件

容器是用来组织其他界面成分和元素的单元。一般说来一个应用程序的图形用户界面首先对应一个复杂的容器，如一个窗口。这个容器内部将包含许多界面成分和元素，这些界面元素本身又可能是一个容器，它再进一步包含界面成分和元素，以此类推就构成了一个复杂的图形界面系统。

容器的引入有利于分解图形用户界面的复杂性，当界面的功能较多时，使用层层相套的容器是非常有必要的。

6.2.3 控制组件

控制组件是图形用户界面的最小单位之一，它里面不再包含其他成分。控制组件的作用是完成与用户的一次交互，包括接收用户的一个命令(如菜单命令)、接收用户的一个文本或选择输入、向用户显示一段文本或一个图形等等。从某种程度上说，控制组件是图形用户界面标准化的结果，目前常用的控制组件有选择类的单选按钮、复选按钮、下拉列表；文字处理类的文本框、文本区域；命令类的按钮、菜单等。

使用控制组件，通常有如下的步骤：

(1) 创建某控制组件类的对象，指定其大小等属性。

(2) 使用某种布局策略，将该控制组件对象加入到某个容器中的指定位置处。

(3) 将该组件对象注册给它所产生事件的对应事件监听者，重载事件处理方法，实现利用该组件对象与用户交互的功能。

6.2.4 Component 类

Java 图形用户界面的最基本组成部分是组件(Component)。组件是一个可以以图形化方式显示在屏幕上，并能与用户进行交互的对象，例如一个按钮、一个标签等。组件不能独立地显示，必须放在一定的容器中才可以显示。

类 java.awt.Component 是许多组件类的父类，Component 类中封装了组件通用的方法和属性，如图形的组件对象、大小、显示位置、前景色和背景色、边界、可见性等，相应的成员方法包括：

getComponentAt(int x, int y)
getFont()
getForeground()
getName()
getSize()
paint(Graphics g)
repaint()
update()
setVisible(boolean b)
setSize(Dimension d)
setName(String name)等

6.3 简单图形用户界面

6.3.1 Frame 与 Panel

1) Frame

Frame 是 Window 的子类，是一个能显示窗体名称、可缩放的窗体类容器。Frame 继承了容器类的特点，所以可以使用 add 方法将组件加入到 Frame 中(见图 6.2)。

```
java.lang.Object
  └ java.awt.Component
      └ java.awt.Container
          └ java.awt.Window
              └ java.awt.Frame
```

图 6.2　java. awt. Frame 所属的类

【程序 6.1】

```
import java.awt.*;
public class MyFrame extends Frame{
public static void main(String args[ ]){
        MyFrame fr=new MyFrame("Hello Out There!");
                                        //构造方法
        fr.setSize(200, 200);           //设置 Frame 的大小,缺省为(0, 0)
        fr.setBackground(Color.red);    //设置 Frame 的背景色,缺省为红色
        fr.setVisible(true);            //设置 Frame 为可见,缺省为不可见
}
    public MyFrame (String str){
        super(str);                     //调用父类的构造方法
    }
}
```

结果见图 6.3。

图 6.3　【程序 6.1】的结果

一般要生成一个窗口,是用 Window 的子类 Frame 进行实例化,而不是直接用到 Window 类。Frame 的外观就像平常在 Windows 系统下见到的窗口,有标题、边框、菜单、大小等等。

每个 Frame 的对象实例化以后都是没有大小和不可见的，因此必须调用 setSize()来设置大小，调用 setVisible(true)来设置可见性。

由于 AWT 在实际运行过程中是调用所在平台的图形系统，因此同样一段 AWT 程序在不同的操作系统平台下运行得到的图形系统是不一样的。例如在 Windows 下运行，显示的是 Windows 风格的窗口；在 UNIX 下运行，则显示 UNIX 风格的窗口。

2) Panel

Panel 和 Frame 一样，是一个可加入任何 GUI 组件的容器，甚至包括自己(见图 6.4)。创建好一个 Panel 要将它放置在 Frame 中(使用 add 方法)，然后使 Frame 可见，就可看到包含 Panel 的 Frame 窗体。

```
java.lang.Object
 └ java.awt.Component
    └ java.awt.Container
       └ java.awt.Panel
```

图 6.4 java. awt. Panel 所属的类

【程序 6.2】

```
import java.awt.*;
public class FrameWithPanel extends Frame{
public FrameWithPanel(String str){
        super(str);
    }
    public static void main(String args[]){
        FrameWithPanel fr=new FrameWithPanel("Frame with Panel");
        Panel pan=new Panel();
        fr.setSize(200, 200);
        fr.setBackground(Color.red);
                                    //框架 fr 的背景色设置为红色
        fr.setLayout(null);         //取消布局管理器
        pan.setSize(100, 100);
        pan.setBackground(Color.yellow);
                                    //设置面板 pan 的背景色为黄色
        fr.add(pan);                //用 add 方法把面板 pan 添加到框架 fr 中
        fr.setVisible(true);
        }
}
```

结果见图 6.5。

图 6.5 【程序 6.2】结果

6.3.2 字体设置

一个 Font 类对象表示一种字体显示效果，包括字体类型、字型和字号。下面的语句用于创建一个 Font 类对象：

Font MyFont=new Font("TimesRoman", Font.BOLD, 12);

MyFont 对应的是 12 磅 TimesRoman 类型的黑体字。指定字型时需要用到的 Font 类的三个常量：Font.PLAIN、Font.BOLD、Font.ITALIC。

如果希望使用该 Font 对象，可以利用 Graphics 类的 setFont()方法：

g.setFont(MyFont);

如果希望指定控制组件，如按钮或文本框中的字体效果，则可以使用控制组件的方法 setFont()。如 btn 是一个按钮对象，则设置语句为：

btn.setFont(MyFont);

这时这个按钮上显示的标签的字体改为 12 磅的 TimesRoman 黑体字。

与 setFont()方法相对的 getFont()方法将返回当前 Graphics 或组件对象使用的字体。

6.3.3 绘制简单图形

绘制图形要用到 Java 中的 Graphics 类。Graphics 是 java.awt 包中的一个类，其中包括了很多绘制图形和文字的方法。

利用 Graphics 类可绘制的图形有直线、各种矩形、多边形、圆和椭圆，大部分图形都可以填充颜色。

常用的绘图函数有以下这些：

① 画线

drawLine(int x1, int y1, int x2, int y2)

该方法用于以(x1, y1)为起点，以(x2, y2)为终点画一条直线。

② 画矩形

void drawRect(int x, int y, int width, int height)

void fillRect(int x, int y, int width, int height)

drawRect 和 fillRect 方法分别用来绘制一个矩形的轮廓和一个被填充的矩形。矩形的左上角在(x, y),矩形的大小由参数 width 和 height 确定。

③ 画椭圆和圆

void drawoval(int x, int y, int width, int height)

void filloval(int x, int y, int width,int height)

用 drawoval 方法可以绘制一个椭圆,用 filloval 方法可以填充一个椭圆。椭圆被绘制在一个矩形范围内,这个矩形的左上角是(x, y),大小由参数 width 和 height 确定。绘制圆形时,只需要将矩形改为正方形。

④ 画圆弧

void drawArc(int x, int y, int width, int height, int startAngle, int sweepAngle)

void fillArc(int x, int y, int width, int height, int startAngle, int sweepAngle)

通过 drawArc 方法和 fillArc 方法可以绘制圆弧。圆弧被绘制在一个矩形范围内，这个矩形的左上角是(x, y)点，大小由参数 width 和 height 确定。圆弧是以 startAngle 为开始的角度,以 sweepAngle 为转过的角度绘制的。这些角度以度为单位,0°指水平方向,类似钟表上三点钟时的时针位置。如果参数 sweepAngle 是正的,圆弧将逆时针绘制,否则将顺时针绘制。如要画一个从时钟 12 点到 6 点的圆弧,应该设置开始的角度为 90°,而转过的角度为 180°。

⑤ 画多边形

void drawPolygon(int x[ ], int y[ ], int numPoints)

void fillPolygon(int x[ ], int y[ ], int numPoints)

通过使用 drawPolygon 方法和 fillPolygon 方法,可以绘制出任意的形状。多边形的顶点是由数组 x 和数组 y 中相对应的数字组成的坐标指定的;而数组 x, y 中定义的点的个数是由参数 numPoints 确定的。也可以通过 Polygon 对象来指定多边形。

6.3.4 设置颜色

Java 中有专门处理颜色的类 Color。Java 的颜色是根据 RGB 值建立的。RGB 值是红色、绿色和蓝色这 3 个分量的数字组合,三基色混合在一起形成了最终的颜色。Color 对象可以由代表红色、绿色和蓝色的 3 个独立的 RGB 值创建,每个 RGB 取值范围为 0～255 的整数。例如:

Color redColor=new Color(255, 0, 0); //红色

Color 类还定义了一些标准的颜色作为类常量使用,这些颜色可以用来直接定义新的 Color 对象:

Color redColor=Color.RED; //红色

6.3.5 显示图像

由于图像的数据量要远远大于图形,所以一般不在程序中绘制图像,而是把已经存在于本机硬盘或网络某地的二进制图像文件直接调入内存。图像文件有多种格式,如 bmp 文件、gif 文件、tiff 文件等等,其中 gif 文件是 Internet 上常用的图像文件格式。

Java 中可以利用 Graphics 类的 drawImage()方法显示图像。

6.4 Java 事件处理

图形用户界面通过事件机制响应用户和程序的交互。要处理产生的事件,需要在特定的方法中编写处理事件的程序。这样,当产生某种事件时就会调用处理这种事件的方法,从而实现用户与程序的交互,这也是图形用户界面事件处理的基本原理。

6.4.1 Java 事件处理机制

JDK 1.1之后 Java 采用的是事件源——事件监听者模型,引发事件的对象称为事件源,而接收并处理事件的对象是事件监听者,无论是应用程序还是小程序都采用这一机制。

引入事件处理机制后的编程基本方法如下:

(1) java.awt 中组件实现事件处理必须使用 java.awt.event 包,所以在程序开始应加入 import java.awt.event.* 语句。

(2) 用如下语句设置事件监听者:

事件源.addXXListener(XXListener 代表某种事件监听者)

(3) 事件监听者对应的类实现事件对应的接口 XXListener,并重写接口中的全部方法。

这样就可以处理图形用户界面中的对应事件了。要删除事件监听者可以使用语句:

事件源.removeXXListener

在事件处理的过程中,主要涉及三类对象:

Event——事件,用户对界面的操作在 Java 语言上的描述以类的形式出现,例如键盘操作对应的事件类是 KeyEvent。

Event Source——事件源,事件发生的场所,通常就是各个组件,例如按钮 Button。

Event handler——事件处理者,接收事件对象并对其进行处理的对象。

例如,用户用鼠标单击了按钮对象 button,则该按钮 button 就是事件源,而 Java 运行时系统会生成 ActionEvent 类的对象 actionE,该对象描述了单击事件发生时的一些信息;然后,事件处理者对象将接收由 Java 运行时系统传递过来的事件对象 actionE 并进行相应的处理。

由于同一个事件源上可能发生多种事件,因此 Java 采取了授权处理机制(Delegation Model)。事件源可以把自身所有可能发生的事件授权给不同的事件处理者来处理。比如在 Canvas 对象上既可能发生鼠标事件,也可能发生键盘事件,则 Canvas 对象就可以授权给事件处理者一来处理鼠标事件,同时授权给事件处理者二来处理键盘事件。有时也将事件处理者称为监听器,主要原因在于监听器时刻监听着事件源上所有发生的事件类型,一旦该事件类型与自己负责处理的事件类型一致,就马上进行处理。授权模型把事件的处理委托给外部的处理实体,实现了将事件源和监听器分开。事件处理者(监听器)通常是一个类,该类要能够处理某种类型的事件,就必须实现与该事件类型对应的接口。例如【程序 6.3】中类 ButtonHandler 之所以能够处理 ActionEvent 事件,原因在于它实现了与 ActionEvent 事件对应的接口 ActionListener。每个事件类都有一个与之相对应的接口。

事件源对象和事件处理器(事件监听器)如图 6.6 所示

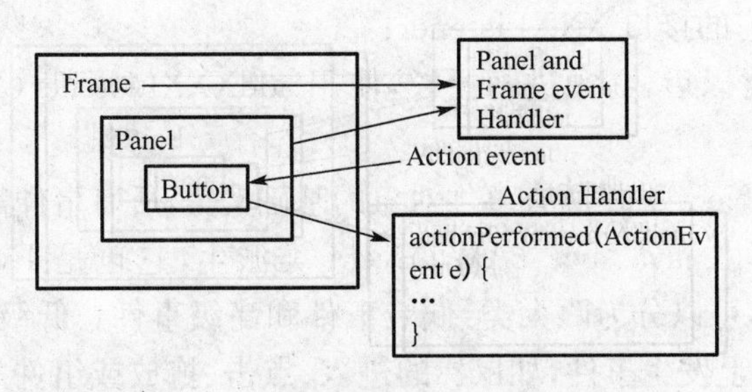

图 6.6　事件源对象和事件处理器

【程序 6.3】

```
import java.awt.*;
import java.awt.event.*;
public class TestButton
{
    public static void main(String args[])
    {
        Frame f=new Frame("Test");
        Button b=new Button("Press Me!");
        b.addActionListener(new ButtonHandler()); /*注册监听器进行授权,该
        方法的参数是事件处理者对象,要处理的事件类型可以从方法名中看出,例如
        本方法授权处理的是 ActionEvent,因为方法名是 addActionListener。*/
        f.setLayout(new FlowLayout()); //设置布局管理器
        f.add(b);
        f.setSize(200, 100);
        f.setVisible(true);
    }
}
class ButtonHandler implements ActionListener
{
    //只有实现接口 ActionListener 才能做事件 ActionEvent 的处理者
    public void actionPerformed(ActionEvent e)
    //系统产生的 ActionEvent 事件对象被当作参数传递给该方法
    {
        System.out.println("Action occurred");
    //本接口只有一个方法,因此事件发生时,系统会自动调用本方法,需要做的操作
      就把代码写在这个方法里
    }
}
```

现将使用授权处理模型进行事件处理的一般方法归纳如下：

(1) 要想接收并处理某种类型的事件 XXXEvent,必须定义相应的事件监听器类,该类

需要实现与该事件对应的接口 XXXListener;

(2) 事件源实例化以后,必须进行授权,使用 addXXXListener(XXXListener) 方法注册该类事件监听器。

java.util.EventObject 类是所有事件对象的基础父类,所有事件都由它派生。与 AWT 有关的所有事件类都由 java.awt. AWTEvent 类派生,它也是 EventObject 类的子类。AWT 事件共有 10 类,可以分为两大类:低级事件和高级事件。低级事件是基于组件和容器的事件,当一个组件上发生事件,如鼠标的进入、点击、拖放或组件的窗口开关等,就触发了组件事件。高级事件是基于语义的事件,它可以不和特定的动作相关联,依赖于触发此事件的类,如在 TextField 中按 Enter 键会触发 ActionEvent 事件,滑动滚动条会触发 AdjustmentEvent 事件,选中项目列表的某一条会触发 ItemEvent 事件。

低级事件

ComponentEvent(组件事件:组件尺寸的变化、移动)

ContainerEvent(容器事件:组件的增加、移动)

WindowEvent(窗口事件:关闭窗口、窗口闭合、图标化)

FocusEvent(焦点事件:焦点的获得和丢失)

KeyEvent(键盘事件:键按下、释放)

MouseEvent(鼠标事件:鼠标单击、移动)

高级事件(语义事件)

ActionEvent(动作事件:按钮按下)

AdjustmentEvent(调节事件:在滚动条上移动滑块调节数值)

ItemEvent(项目事件:选择项目)

TextEvent(文本事件:文本对象改变)

事件监听器

每类事件都有对应的事件监听器。监听器是接口,根据动作来定义方法。

例如,与键盘事件 KeyEvent 相对应的接口是:

```
public interface KeyListener extends EventListener {
        public void keyPressed(KeyEvent ev);
        public void keyReleased(KeyEvent ev);
        public void keyTyped(KeyEvent ev);
}
```

在本接口中有三个方法,Java 运行时系统根据这三个方法的方法名选择调用适当的方法。当键盘刚按下去时,将调用 keyPressed()方法;当键盘抬起来时,将调用 keyReleased()方法;当键盘敲击一次时,将调用 keyTyped()方法。

又例如窗口事件接口:

```
public interface WindowListener extends EventListener{
    public void windowClosing(WindowEvent e);
    //退出窗口时调用
    public void windowOpened(WindowEvent e);
    //打开窗口时调用
```

```
    public void windowIconified(WindowEvent e);
    //窗口图标化时调用
    public void windowDeiconified(WindowEvent e);
    //窗口非图标化时调用
    public void windowClosed(WindowEvent e);
    //窗口关闭时调用
    public void windowActivated(WindowEvent e);
    //窗口激活时调用
    public void windowDeactivated(WindowEvent e);
    //窗口非激活时调用
}
```

AWT 组件类提供注册和注销监听器的方法。

注册监听器

```
public void add<ListenerType> (<ListenerType>listener);
```

注销监听器

```
public void remove<ListenerType> (<ListenerType>listener);
```

例如针对 Button 类

```
public class Button extends Component {
    ......
    public synchronized void addActionListener(ActionListener l);
    public synchronized void removeActionListener(ActionListener l);
    ......}
```

表 6.1 列出了所有 AWT 事件及其相应的监听器接口,一共 10 类事件、11 个接口,应牢牢记住。

表 6.1 AWT 事件及其相应的监听器接口

事件类别	描述信息	接口名	方 法
ActionEvent	激活组件	ActionListener	actionPerformed(ActionEvent)
ItemEvent	选择了某些项目	ItemListener	itemStateChanged(ItemEvent)
MouseEvent	鼠标移动	MouseMotionListener	mouseDragged(MouseEvent) mouseMoved(MouseEvent)
	鼠标点击等	MouseListener	mousePressed(MouseEvent) mouseReleased(MouseEvent) mouseEntered(MouseEvent) mouseExited(MouseEvent) mouseClicked(MouseEvent)
KeyEvent	键盘输入	KeyListener	keyPressed(KeyEvent) keyReleased(KeyEvent) keyTyped(KeyEvent)

续表 6.1

事件类别	描述信息	接口名	方法
FocusEvent	组件收到或失去焦点	FocusListener	focusGained(FocusEvent) focusLost(FocusEvent)
AdjustmentEvent	移动了滚动条等组件	AdjustmentListener	adjustmentValueChanged(AdjustmentEvent)
ComponentEvent	对象移动、缩放显示、隐藏等	ComponentListener	componentMoved(ComponentEvent) componentHidden(ComponentEvent) componentResized(ComponentEvent) componentShown(ComponentEvent)
WindowEvent	窗口收到窗口级事件	WindowListener	windowClosing(WindowEvent) windowOpened(WindowEvent) windowIconified(WindowEvent) windowDeiconified(WindowEvent) windowClosed(WindowEvent) windowActivated(WindowEvent) windowDeactivated(WindowEvent)
ContainerEvent	容器中增加或删除了组件	ContainerListener	componentAdded(ContainerEvent) componentRemoved(ContainerEvent)
TextEvent	文本字段或文本区发生改变	TextListener	textValueChanged(TextEvent)

6.4.2 按钮点击事件

ActionEvent 类只包含一个事件，即执行动作事件 ACTION_PERFORMED，它是引起某个动作执行的事件。

能够触发这个事件的动作包括：

- 点击按钮；
- 双击一个列表中的选项；
- 选择菜单项；
- 在文本中输入回车。

ActionEvent 类的重要方法有：

(1) public String getActionCommand()

这个方法返回引发事件的动作的命令名，这个命令名可以通过调用 setActionCommand()方法指定给事件源组件；也可以使用事件源的缺省命令名。例如一个按钮组件 m_Button是 ACTION_PERFORMED 事件的事件源，下面的语句将这个按钮对象的动作命令名设为“命令名”并将它注册给当前的监听者：

```
Button m_Button=new Button("按钮标签");
m_Button.setActionCommand("命令名");
m_Button.addActionListener(this);
```

动作事件的监听者需要实现动作，监听者接口的方法为：

```
public void actionPerformed(ActionEvent e)
{
    If (e.getActionCommand()=="命令名")
            ......
}
```

注意 setActionCommand()方法与 getActionCommand()方法属于不同的类，getActionCommand()方法是 ActionEvent 类的方法，而 setActionCommand()方法是发生动作事件的事件源，如按钮、菜单项等的方法。事件源对象也可以不专门调用 setActionCommand()方法来指定命令名，此时 getActionCommand()方法返回缺省的命令名，例如上面的程序片段如果去掉设置动作命令名的语句，则监听者接口的方法可以写为：

```
public void actionPerformed(ActionEvent e)
{
    if(e.getActionCommand()=="按钮标签")
            ......
}
```

可见按钮的缺省命令名是按钮的标签。使用 getActionCommand()方法可以区分产生动作命令的不同事件源，使用 actionPerformed()方法对不同事件源引发的事件区分对待处理(区分事件的事件源也可以使用 getSource()方法，但是这样处理事件的代码就与 GUI 结合得过于紧密，对于小程序尚可接受，对于大程序则不提倡)。

(2) public int getModifiers()

如果发生动作事件的同时用户还按了 Ctrl、Shift 等功能键，则可以调用这个事件的 getModifiers()方法来获得和区分这些功能键，这实际上是把一个动作事件细分成几个事件，把一个命令细分成几个命令。将 getModifiers()方法的返回值与 ActionEvent 类的几个静态常量 ALT_MASK、CTRL_MASK、SHIFT_MASK、META_MASK 相比较，就可以判定用户按下了哪个功能键。

6.4.3 捕获窗口事件

WindowEvent 类包含如下几个具体窗口事件：

(1) WINDOW_ACTIVATED：代表窗口被激活(在屏幕的最前方待命)。

(2) WINDOW_DEACTIVATED：代表窗口失效(其他窗口被激活后原活动窗口失效)。

(3) WINDOW_OPENED：代表窗口被打开。

(4) WINDOW_CLOSED：代表窗口已被关闭。

(5) WINDOW_CLOSING：代表窗口正在被关闭。

(6) WINDOW_ICONIFIED：代表窗口最小化成图标

(7) WINDOW_DEICONIFIED：代表窗口从图标恢复。

WindowEvent 类的主要方法有 public window getWindow()，此方法返回引发当前 WindowEvent 事件的具体窗口，与 getSource()方法返回的是相同的事件引用。但是 getSource()的返回类型为 Object，getWindow()方法的返回值是具体的 Window 对象。

6.4.4 键盘事件

键盘事件(KeyEvent)类包含如下三个具体键盘事件,分别对应 KeyEvent 类的同名静态整型常量。

KEY_PRESSED:代表键盘按键被按下事件。

KEY_RELEASED:代表键盘按键被释放事件。

KEY_TYPED:代表键盘按键被敲击事件。

KeyEvent 类的主要方法有:

public char getKeyChar()

它返回引发键盘事件的按键对应的 Unicode 字符;如果这个按键没有 Unicode 字符与之相对应,则返回 KeyEvent 类的一个静态常量 KeyEvent. CHAR_UNDEFINED。

与 KeyEvent 事件相对应的监听者接口是 KeyListener,这个接口中定义了如下的三个抽象方法,分别与 KeyEvent 中的三个具体事件类型相对应。

① public void keyPressed(KeyEvent e)

② public void keyReleased(KeyEvent e)

③ public void keyTyped(KeyEvent e)

可见,事件类中的事件类型名与对应的监听者接口中的抽象方法名很相似,体现了二者之间的响应关系。凡是实现了 KeyListener 接口的类,都必须具体实现上述的三个抽象方法。用户程序对这三种具体事件的响应代码放在实现后的方法体中,而这些代码里通常需要用到实参 KeyEvent 的对象 e 的若干信息,这可以通过调用 e 的方法,如 getSource(),getKeyChar()等来实现。例如,下面的语句判断用户是键入了 y 还是 n,其分别代表肯定和否定的回答。

```
Public void keyPressed(KeyEvent e)
{
    Char ch=e. getKeyChar();
    If(ch=='y'||ch=='Y')
        m_result. setText("同意");
    else if(ch=='n'||ch=='N')
        m_result. setText("反对");
    else
        m_result. setText("非法输入");
}
```

m_result 是一个用来输出信息的 Label 对象。

6.4.5 鼠标事件

鼠标事件(MouseEvent)类包含如下的若干个鼠标事件,分别对应 MouseEvent 类的同名静态整型常量。

(1) MOUSE_CLICKED:代表鼠标点击事件。

(2) MOUSE_DRAGGED:代表鼠标拖动事件。

(3) MOUSE_ENTERED：代表鼠标进入事件。

(4) MOUSE_EXITED：代表鼠标离开事件。

(5) MOUSE_MOVED：代表鼠标移动事件。

(6) MOUSE_PRESSED：代表鼠标按钮按下事件。

(7) MOUSE_RELEASED：代表鼠标按钮松开事件。

调用 MouseEvent 对象的 getID()方法，并把返回值与上述各常量比较，就可以知道用户引发的是哪个具体鼠标事件。例如，假设 mouseEvt 是 mouseEvent 类的对象，下面的语句将判断它代表的事件是否是 MOUSE_CLICKED：

```
if (mouseEvt.getID()==MouseEvent.MOUSE_CLICKED)
```

不过一般不需要这样处理，因为监听 MouseEvent 事件的监听者 MouseListener 和 MouseMotionListener 中有七个具体方法，分别针对上述的七个具体鼠标事件，系统会分辨鼠标事件的类型并自动调用相关的方法，编程者只需把处理相关事件的代码放到相关的方法里即可。

MouseEvent 类有如下主要方法，

(1) public int getX()：返回发生鼠标事件的 X 坐标。

(2) public int getY()：返回发生鼠标事件的 Y 坐标。

(3) public Point getPoint()：返回 Point 对象，包含鼠标事件发生的坐标点。

(4) public int getClickCount()：返回鼠标点击事件的点击次数。

MouseListener 和 MouseMotionListener 的七个具体事件处理方法都以 MouseEvent 类的对象为形式参数。通过调用 MouseEvent 类的上述方法，这些事件处理方法可以得到引发它们的鼠标事件的具体信息。

6.4.6 焦点事件

FocusEvent 类包含两个具体事件，分别对应这个类的两个同名静态整型常量。

(1) FOCUS_GAINED：代表获得了焦点。

(2) FOCUS_LOST：代表失去了焦点。

一个 GUI 对象必须首先获得焦点，才能被进一步操作。例如，一个文本输入区域必须首先获得焦点，才能接受用户键入的文字；一个窗口只有先获得了焦点，其中的菜单才能被选中等。获得焦点将使对象被调到整个屏幕的最前面并处于待命的状态，是缺省操作的目标对象；而失去焦点的对象则被调到屏幕的后面并可能被其他的对象遮挡。

6.4.7 事件适配器

Java 语言为一些 Listener 接口提供了适配器(Adapter)类，可以通过继承事件对应的 Adapter 类，重写需要的方法，无关方法则不用实现。事件适配器提供了一种简单的实现监听器的手段，可以缩短程序代码。但是，由于 Java 的单一继承机制，当需要多种监听器或某类已有父类时，就无法采用事件适配器了。

1) 事件适配器 EventAdapter

下例中采用了鼠标适配器：

```
import java.awt.*;
```

```
import java.awt.event.*;
public class MouseClickHandler extends MouseAdaper{
    public void mouseClicked(MouseEvent e) //只实现需要的方法
        {……}
}
```

java.awt.event 包中定义的事件适配器类包括以下几个：

① ComponentAdapter(组件适配器)

② ContainerAdapter(容器适配器)

③ FocusAdapter(焦点适配器)

④ KeyAdapter(键盘适配器)

⑤ MouseAdapter(鼠标适配器)

⑥ MouseMotionAdapter(鼠标运动适配器)

⑦ WindowAdapter(窗口适配器)

2) 用内部类实现事件处理

内部类(inner class)是被定义于一个类中的类，使用内部类的主要原因有：

- 一个内部类的对象可访问外部类的成员方法和变量，包括私有成员。
- 实现事件监听器时，采用内部类、匿名类编程非常容易实现其功能。
- 编写事件驱动程序时，使用内部类很方便。

因此内部类往往应用在 AWT 的事件处理机制中。

【程序 6.4】


```
import java.awt.*;
import java.awt.event.*;
    public class InnerClass{
        private Frame f;
        private TextField tf;
        public InnerClass(){
        f=new Frame("Inner classes example");
        tf=new TextField(30);
    }
    public voidi launchFrame(){
        Label label=new Label("Click and drag the mouse");
        f.add(label,BorderLayout.NORTH);
        f.add(tf,BorderLayout.SOUTH);
        f.addMouseMotionListener(new MyMouseMotionListener());
                                                    /*参数为内部类对象*/
        f.setSize(300, 200);
        f.setVisible(true);
    }
    class MyMouseMotionListener extends MouseMotionAdapter{/*内部类开始*/
```

```
            public void mouseDragged(MouseEvent e) {
                String s="Mouse dragging: x="+e.getX()+"Y="+e.getY();
                tf.setText(s); }
            };
            public static void main(String args[]) {
                InnerClass obj=new InnerClass();
                obj.launchFrame();
            }
        }//内部类结束
    }
```

3) 匿名类(Anonymous Class)

当一个内部类的类声明只在创建此类对象时使用一次,而且产生的新类需继承自一个已有的类或实现一个接口,才能考虑使用匿名类。由于匿名类本身没有名字,因此也就不存在构造方法,需要显式地调用一个无参的父类的构造方法,并且重写父类的方法。

【程序 6.5】

```
import java.awt.*;
import java.awt.event.*;
    public class AnonymousClass{
        private Frame f;
        private TextField tf;
        public AnonymousClass(){
            f=new Frame("Inner classes example");
            tf=new TextField(30);
    }
    public void launchFrame(){
        Label label=new Label("Click and drag the mouse");
        f.add(label,BorderLayout.NORTH);
        f.add(tf,BorderLayout.SOUTH);
        f.addMouseMotionListener(new MouseMotionAdapter(){ //匿名类开始
            public void mouseDragged(MouseEvent e){
                String s="Mouse dragging: x="+e.getX()+"Y="+e.getY();
                tf.setText(s); }
        }); //匿名类结束
        f.setSize(300, 200);
        f.setVisible(true);
        }
            public static void main(String args[]) {
                AnonymousClass obj=new AnonymousClass();
                obj.launchFrame();
```

```
        }
    }
```

仔细分析一下可以发现,【程序 6.4】与【程序 6.5】实现的是完全一样的功能,只不过采取的方式不同,【程序 6.4】中的事件处理类是一个内部类,而【程序 6.5】中的事件处理类是匿名类。虽然类的关系越来越复杂,但是程序越来越简练。熟悉这两种类十分有助于编写图形界面的程序。

6.5 布局管理

Java 为了实现跨平台的特性并且获得动态的布局效果,将容器内的所有组件安排给一个布局管理器负责管理,如排列顺序,组件的大小、位置,窗口移动或调整大小后组件如何变化等。不同的布局管理器使用不同算法和策略,容器可以通过选择不同的布局管理器来决定布局。

布局管理器主要包括:FlowLayout、BorderLayout、GridLayout、CardLayout、GridBagLayout

【程序 6.6】

```
import java.awt.*;
public class ExGui{
    private Frame f;
    private Button b1;
    private Button b2;
    public static void main(String args[]){
        ExGui that=new ExGui();
        that.go();
    }
    public void go(){
        f=new Frame("GUI example");
        f.setLayout(new FlowLayout());
        //设置布局管理器为 FlowLayout
        b1=new Button("Press Me");
        //按钮上显示字符"Press Me"
        b2=new Button("Don't Press Me");
        f.add(b1);
        f.add(b2);
        f.pack();
        //紧凑排列,其作用相当于 setSize(),即让窗口
        尽量小,以致刚刚能够容纳 b1、b2 两个按钮
        f.setVisible(true);
    }
```

```
}
```

结果见图 6.7。

图 6.7 【程序 6.6】的结果

6.5.1 FlowLayout 类

FlowLayout 是 Panel. Applet 的缺省布局管理器，其组件的放置规律是从上到下、从左到右。如果容器足够宽，则第一个组件添加到容器中第一行的最左边，后续的组件依次添加到上一个组件的右边；如果当前行已放置不下，则放置到下一行的最左边。

其构造方法主要有下面几种：

① FlowLayout(FlowLayout. RIGHT, 20, 40);

/＊第一个参数表示组件的对齐方式，指组件在这一行中的位置是居中对齐、居右对齐还是居左对齐；第二个参数是组件之间的横向间隔，第三个参数是组件之间的纵向间隔，单位像素＊/

② FlowLayout(FlowLayout. LEFT);

//居左对齐，横向间隔和纵向间隔都是缺省值 5 个像素

③ FlowLayout();

//缺省的对齐方式——居中对齐，横向间隔和纵向间隔都是缺省值 5 个像素

【程序 6.7】

```
import java.awt.*;
public class myButtons{
    public static void main(String args[])
    {
        Frame f=new Frame();
        f.setLayout(new FlowLayout());
        Button button1=new Button("Ok");
        Button button2=new Button("Open");
        Button button3=new Button("Close");
        f.add(button1);
        f.add(button2);
        f.add(button3);
        f.setSize(300, 100);
        f.setVisible(true);
    }
}
```

结果见图 6.8。

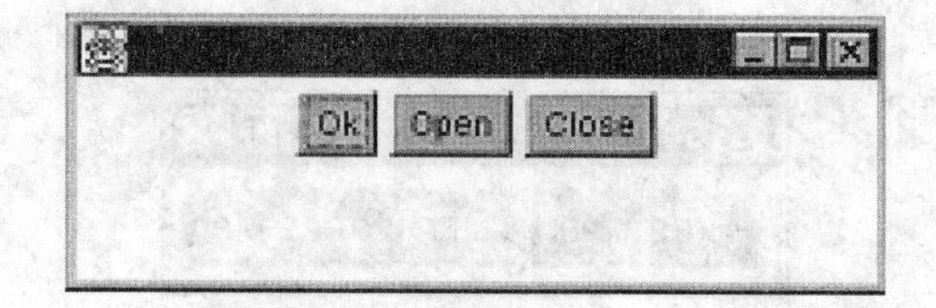

图 6.8 【程序 6.7】的结果

当容器的大小发生变化时,用 FlowLayout 管理的组件也会发生变化,变化规律是:组件的大小不变,但是相对位置会发生变化。例如图 6.8 中三个按钮都处于同一行,但是如果把该窗口变窄,窄到刚好能够放下一个按钮,则第二个按钮将移到第二行,第三个按钮将移到第三行,即组件的大小不变,但是相对位置会发生变化。

6.5.2 BorderLayout 类

BorderLayout 是 Window、Frame 和 Dialog 的缺省布局管理器。BorderLayout 布局管理器把容器分成 5 个区域:North, South, East, West 和 Center,每个区域只能放置一个组件。各个区域的位置及大小如图 6.9 所示。

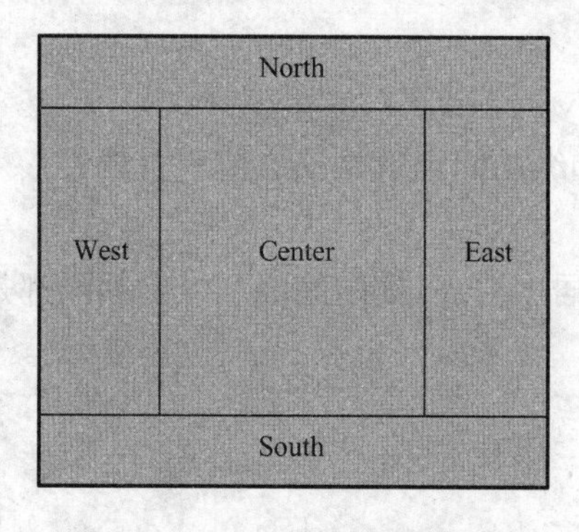

图 6.9 BorderLayout 布局管理器

【程序 6.8】

```
import java.awt. * ;
public class buttonDir{
    public static void main(String args[]){
        Frame f=new Frame("BorderLayout");
        f.setLayout(new BorderLayout());
        f.add("North", new Button("North"));
        //第一个参数表示把按钮添加到容器的 North 区域
        f.add("South", new Button("South"));
        //第一个参数表示把按钮添加到容器的 South 区域
        f.add("East", new Button("East"));
        //第一个参数表示把按钮添加到容器的 East 区域
```

```
        f.add("West", new Button("West"));
        //第一个参数表示把按钮添加到容器的 West 区域
        f.add("Center", new Button("Center"));
        //第一个参数表示把按钮添加到容器的 Center 区域
        f.setSize(200, 200);
        f.setVisible(true);
    }
}
```

结果见图 6.10。

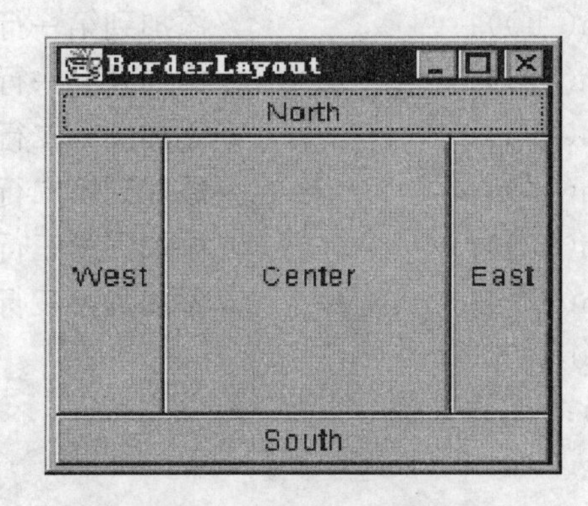

图 6.10 【程序 6.8】的结果

在使用 BorderLayout 的时候，如果容器的大小发生变化，其中的组件变化规律为：相对位置不变，大小发生变化。例如容器变高了，则 North、South 区域不变，West、Center、East 区域变高；如果容器变宽了，West、East 区域不变，North、Center、South 区域变宽。由于不一定所有的区域都有组件，所以如果四周的区域（West、East、North、South 区域）没有组件，由 Center 区域去补充；但是如果 Center 区域没有组件，则保持空白，其效果如图 6.11 所示。

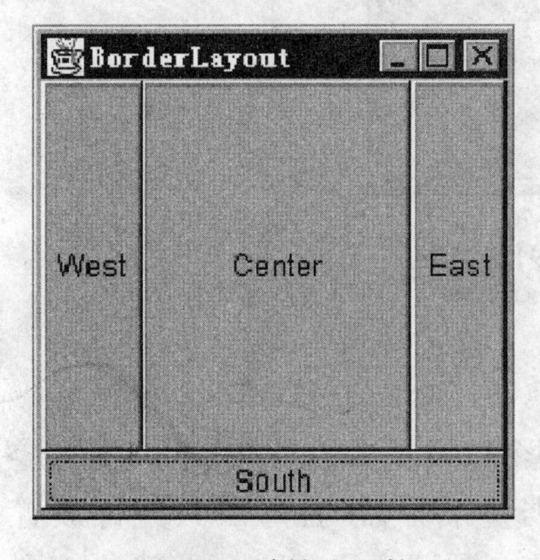

North 区域缺少组件

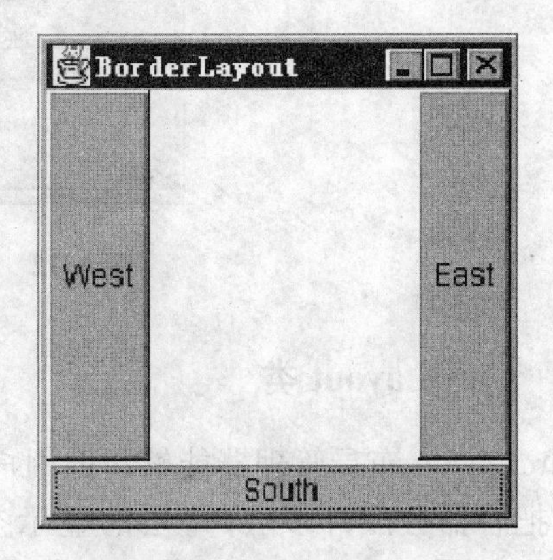

North 和 Center 区域缺少组件

图 6.11 某个区域缺少组件的情况

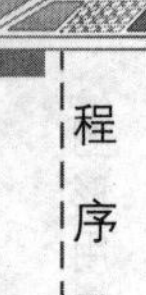

6.5.3 GridLayout 类

该类使容器中各个组件呈网格状布局，平均占据容器的空间。

【程序 6.9】

```
import java.awt.*;
public class ButtonGrid {
public static void main(String args[]) {
    Frame f=new Frame("GridLayout");
    f.setLayout(new GridLayout(3,2));   //容器被平均分成 3 行 2 列共 6 格
    f.add(new Button("1"));             //添加到第一行的第一格
    f.add(new Button("2"));             //添加到第一行的下一格
    f.add(new Button("3"));             //添加到第二行的第一格
    f.add(new Button("4"));             //添加到第二行的下一格
    f.add(new Button("5"));             //添加到第三行的第一格
    f.add(new Button("6"));             //添加到第三行的下一格
    f.setSize(200, 200);
    f.setVisible(true);
    }
}
```

结果见图 6.12。

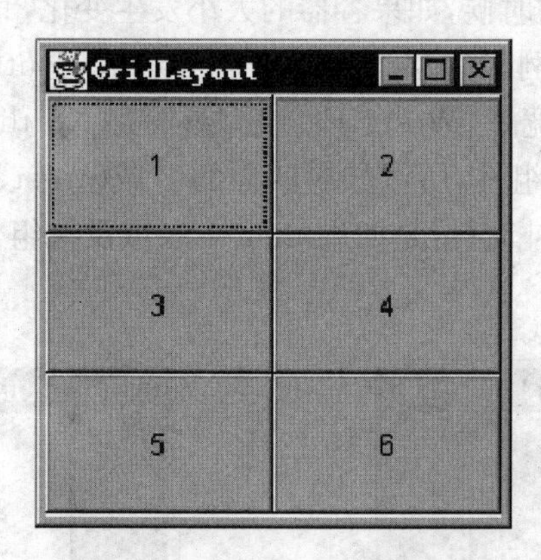

图 6.12 【程序 6.9】的结果

6.5.4 CardLayout 类

CardLayout 布局管理器能够帮助用户处理两个以及更多成员共享同一显示空间的问题。它把容器分成许多层，每层的显示空间占据整个容器，且每层只允许放置一个组件；当然每层都可以利用 Panel 来实现复杂的用户界面。CardLayout 就象一副叠得整整齐齐的扑克牌，每一张牌相当于 CardLayout 布局管理器中的一层，只能看见最上面的一张牌。

【程序6.10】

```
import java.awt.*;
import java.awt.event.*;                    //事件处理机制
public class ThreePages implements MousListener {
    CardLayout layout=new CardLayout(); //实例化一个 CardLayout 布局管理器
                                           对象
    Frame f=new Frame("CardLayout");
    Button page1Button;
    Label page2Label;                     //Label 是标签,实际上是一行字符串
    TextArea page3Text;                   //多行多列的文本区域
    Button page3Top;
    Button page3Bottom;
public static void main(String args[])
{new ThreePages().go();}
Public void go()
{f.setLayout(layout);                      //设置为 CardLayout 布局管理器
    f.add(page1Button=new Button("Button page"),"page1Button"); /*第二个参
    数"page1Button"表示对这层所取的名字*/
    page1Button.addMouseListener(this);  //注册监听器
    f.add(page2Label=new Label("Label page"),"page2Label");
    page2Label.addMouseLisener(this);    //注册监听器
    Panel panel=new Panel();
    panel.setLayout(new BorderLayout());
    panel.add(page3Text=new TextArea("Composite page"),"Center");
    page3Text.addMouseListener(this);
    panel.add(page3Top=new Button("Top button"),"North");
    page3Top.addMouseListener(this);
    panel.add(page3Bottom=new Button("Bottom button"),"South");
    page3Bottom.addMouseListener(this);
    f.add(panel,"panel");
    f.setSize(200, 200);
    f.setVisible(true);
}
……
    }
```

6.5.5 GridBagLayout 类

GridBagLayout 布局管理器非常灵活,是基于 GridLayout,单位是网格。它允许部件占有一个或者多个显示单元,所管理的行和列的大小都可以不相同。GridLayout 把每个

组件限制到一个单元格;而 GridBagLayout 中的组件在容器中可以占据任意大小的矩形区域。

GridBagLayout 中有一个类叫作 GridBagConstraints,这个类中的所有成员都是 public, GridBagLayout 就是利用它来管理组件。可用该类的构造函数 GridBagConstraints()建立一个新的 GridBagConstraints 对象。

```
GridBagConstraints(int gridx, int gridy, int gridwidth, int gridheight,
                   double weightx, double weighty, int anchor, int fill,
                   Insets insets, int ipadx, int ipady)
```

gridx, gridy:设置组件的位置。gridx 设置为 GridBagConstraints. RELATIVE 代表此组件位于之前所加入组件的右边;gridy 设置为 GridBagConstraints. RELATIVE 代表此组件位于之前所加入组件的下面。

gridwidth, gridheight:用来设置组件所占的单位长度与高度,默认值皆为 1。可以使用 GridBagConstraints. REMAINDER 常量,它代表此组件为此行或此列的最后一个组件,并占据所有剩余的空间。

weightx, weighty:用来设置窗口变大时,各组件变大的比例。数字越大,表示组件能得到更多的空间,默认值皆为 0。

anchor:当组件空间大于组件本身时,将组件置于何处。有 CENTER(默认值)、NORTH、NORTHEAST、EAST、SOUTHEAST、WEST、NORTHWEST 可供选择。

insets:设置组件彼此之间的间距。有四个参数,分别是上,左,下,右,默认为(0, 0, 0, 0)。

ipadx, ipady:设置组件间距,默认值皆为 0。

GridBagLayout 里的各种设置都必须通过 GridBagConstraints 实现,因此将 GridBagConstraints 的参数设置好后,必须新建一个 GridBagConstraints 对象,以便 GridBagLayout 使用。

6.6 常用标准组件

本节从应用的角度进一步介绍 AWT 的一些组件,目的是使大家加深对 AWT 的理解,掌握如何用各种组件构造图形化用户界面,学会控制组件的颜色和字体。下面是一些常用的组件的介绍。

6.6.1 按钮

按钮是最常用的一个组件,其构造方法是“Button b=new Button(“Quit”);”。

当按钮被点击后,会产生 ActionEvent 事件,需用 ActionListener 接口进行监听和处理事件。

ActionEvent 的对象调用 getActionCommand()方法可以得到按钮的标识名,缺省按钮名为 label。

用 setActionCommand()可以为按钮设置组件标识符。

6.6.2 标签

标签是用户不能修改只能查看其内容的文本显示区域，起到信息说明的作用。每个标签使用一个 Label 类的对象。

(1) 创建标签

创建标签对象时应同时说明这个标签中的字符串：

```
Label prompt=new Label("请输入一个整数:");
```

(2) 常用方法

如果希望修改标签上显示的文本，可以使用 Label 对象的 setText(新字符串)方法；对于一个未知的标签，可以通过调用 Label 对象的 getText()方法来获得它的文本内容。

6.6.3 文本组件

(1) 单行文本输入区(TextField)

只能显示一行文本。当回车键被按下时，会发生 ActionEvent 事件，通过 ActionListener 中的 actionPerformed()方法对事件进行相应处理。可以使用 setEditable(boolean)方法设置为只读属性。

单行文本输入区构造方法如下：

```
TextField tf1, tf2, tf3, tf4;
tf1=new TextField();
tf2=new TextField("", 20);              //显示区域为20列
tf3=new TextField("Hello!");            //按文本区域大小显示
tf4=new TextField("Hello!", 30);        //初始文本为Hello!，显示区域为30列
```

(2) 文本输入区域(TextArea)

TextArea 可以显示多行多列文本。使用 setEditable(boolean)方法，可以将其设置为只读。在 TextArea 中可以设置显示水平或垂直滚动条。

要判断文本是否输入完毕，可以在 TextArea 旁边设置一个按钮，通过点击按钮产生的 ActionEvent 对输入的文本进行处理。

6.6.4 复选框

(1) 创建

复选按钮又称检测盒，使用 Checkbox 类的对象。创建复选按钮对象的同时可以设置其文本说明标签，它简要地说明了检测盒的意义和作用。构造函数如下：

```
Checkbox backg=new Checkbox("背景色");
```

(2) 常用方法

每个复选按钮都只有两种状态：被用户选中的 check 状态；未被用户选中的 uncheck 状态，任何时刻复选按钮都只能处于这两种状态中的一种。要知道用户是否选择了复选按钮，可以调用 Checkbox 的 getState()方法，这个方法的返回值为布尔值：若复选按钮被选中，则返回 true，否则返回 false。调用 Checkbox 的 setState()方法可以用程序设置是否选中复选按钮。例如下面的语句使 Checkbox 处于选中状态：

backg. setState(true);

(3) 事件响应

当用户点击检测盒使其选中状态发生变化时就会引发 ItemEvent 类。如果这个检测盒已经用语句“backg. addItemListener(this);”注册了 ItemEvent 事件的监听者 ItemListener,则系统会自动调用这个 ItemListener 中的方法“public void ItemStateChanged (ItemEvent e);”响应复选按钮的状态改变。所以实际实现 ItemListener 接口的监听者,例如包含复选按钮的容器,需要具体实现这个方法。这个方法的方法体通常包括如下:调用选择事件的方法 e. getItemSelectable(),获得引发选择事件的事件源对象引用,再调用 e. getState()获取选择事件之后的状态;也可以直接利用事件源对象自身的方法进行操作。需要注意的是,getItemSelectable()方法的返回值是实现了 Selectable 接口的对象,需要把它强制转化成真正的事件源对象类型。

6.6.5 单选按钮组

(1) 创建

Checkbox 只能提供“二选一”,要想实现“多选一”,可以选择单选按钮组。单选按钮组是一组 Checkbox 集合,使用 CheckboxGroup 类的对象,每个 Checkbox 对应一种可能的取值情况。例如,下面语句创建的单选按钮组代表了三种字体风格。

```
style=new CheckboxGroup();
p=new Checkbox("普通", true, style);
b=new Checkbox("黑体", false, style);
i=new checkbox("斜体", false, style);
```


把 CheckboxGroup 加入容器时需要把其中的每个单选按钮逐个加入到容器中,而不能使用 CheckboxGroup 对象一次性加入。例如,加入上面的单选按钮需引用如下语句:

```
add(p);
add(b);
add(i);
```

(2) 常用方法

单选按钮组的选择是互斥的,即当用户选中了组中的一个按钮后,其他按钮将自动处于未选中状态。调用 CheckboxGroup 的 getSelectedCheckbox()方法可以获知用户选择了哪个按钮,这个方法返回用户选中的 Checkbox 对象,再调用该对象的 getLabel()方法就可以知道用户选择了什么信息。通过调用 CheckboxGroup 的 setSelectedCheckbox()方法,可以在程序中指定选中单选按钮组中的哪个按钮。

另外,也可以直接使用单选按钮组中的单选按钮的方法。例如直接调用“i. getState();”就可以知道该按钮是否被选中,且如果某个按钮被选中,那么其他按钮一定处于未选中状态。单选按钮组中可以包括两个或更多的单选按钮。

(3) 事件响应

CheckboxGroup 类不是 java. awt. * 包中的类,它是 Object 的直接子类,所以单选按钮组不能响应事件,但是单选按钮组中的每个按钮可以响应 ItemEvent 类的事件。由于单选按钮组中的每个单选按钮都是 Checkbox 对象，所以它们对事件的响应与单选按钮对事件的响应相同。

6.6.6 下拉列表

(1) 创建

下拉列表(Choice)也是“多选一”。与单选按钮组利用单选按钮把所有选项列出的方法不同，下拉列表的所有选项被折叠收藏起来，只显示最前面的或被用户选中的那个。如果希望看到其他选项，需单击下拉列表右边的下三角按钮，“下拉”出一个罗列了所有选项的长方形区域。

创建下拉列表包括创建和添加选项两个步骤：

```
Choice size=new Choice(); //创建下拉列表
size.add("1"); //为下拉列表添加选项
size.add("2");
size.add("3");
```

(2) 常用方法

下拉列表的常用方法包括获得选中选项的方法、设置选中选项的方法、添加和去除下拉列表选项的方法。

getSelectedIndex()方法将返回被选中选项的序号(下拉列表中第一个选项的序号为 0，第二个选项的序号为 1，依此类推)。getSelectedItem()方法将返回被选中选项的标签文本字符串。Select(int index)方法和 Select(String item)方法使程序选中指定序号或文本内容的选项。add(String item)方法和 insert(String item, int index)方法分别将新选项item加在当前下拉列表的最后或指定序号处。remove(int index)方法和 remove(String item)方法把指定序号或指定标签文本的选项从下拉列表中删除。removeAll()方法将把下拉列表中的所有选项删除。

(3) 事件响应

下拉列表可以产生 ItemEvent 类的选择事件。如果为选项注册实现接口 ItemListener 的监听者“size.addItemListener();”，则当用户单击下拉列表的某个选项做出选择时，系统自动产生一个 ItemEvent 类的对象，它包含这个事件的有关信息，并把该对象作为实际参数传递给被自动调用的监听者的选择事件响应方法：

```
public void itemStateChanged(ItemEvent e);
```

在这个方法里，调用 e.getItemSelectable()就可以获得引发当前选择事件的下拉列表事件源，再调用此下拉列表的有关方法，就可以得知用户具体选择了哪个选项。“String selectedItem=((Choice)e.getItemSelectable()).getSelectedItem();”对 e.getItemSelectedItem()方法的返回值进行了强制类型转换，因为只有转换成 Choice 类的对象引用后方可调用 Choice 类的方法。

6.6.7 列表

(1) 创建

列表也是列出一系列选择项供用户选择，但是列表可以实现“多选多”，即允许复选。在

创建列表时,同样应该将它的各项选择项(称为列表项 Item)加入到列表中去。如下面的语句:

```
MyList=new List(4, true);
MyList.add("南京");
MyList.add("上海");
```

将创建一个包括两个地址选项的列表,List 对象构造函数的第一个参数表明列表的高度,即可以一次同时显示几个选项;第二个参数表明列表是否允许复选,即可否同时选中多个选项。

(2) 常用方法

如果想获知用户选择了列表中的哪个选项,可以调用 List 对象的 getSelectedItem()方法,这个方法返回用户选中的选择项的文本。与单选按钮不同的是,列表中可以有多选,所以 List 对象还有一个 getSelectedItems()方法,该方法返回一个 String 类型的数组,里面的每个元素都是被用户选中的选择项。

除了可以直接返回被选中选项的标签字符串外,还可以获得被选中选项的序号。在 List 里面,第一个加入 List 的选项的序号是 0,第二个是 1,依此类推。getSelectedIndex()方法将返回被选中的选项的序号,getSelectedIndexs()方法将返回由所有被选中选项的序号组成的整型数组。

select(int index)和 deselect(int index)方法分别使指定序号处的选项被选中和不选中;add(String item)方法和 add(String item, int index)方法分别将标签为 item 的选项加入到列表的最后面或指定序号处;remove(String item)方法和 remove(int index)方法将拥有指定标签或指定序号处的选项从列表中移出。add 和 remove 方法使得程序可以动态调整列表所包含的选择项。

(3) 事件响应

列表可以产生两种事件:当用户单击列表中的某一个选项并选中它时,将产生 ItemEvent 类选择事件;当用户双击列表中的某个选项时,将产生 ActionEvent 类动作事件。

如果希望对这两种事件都做出响应,就需要为列表分别注册 ItemEvent 的监听者 ItemListener 和 ActionEvent 的监听者 ActionListener:

```
MyList.addItemListener(this);
MyList.addActionListener(this);
```

并在实现了监听者接口的类中分别定义响应选择事件的方法和响应动作事件的方法:

```
public void itemStateChanged(ItemEvent e);   //响应单击的选择事件
public void actionPerformed(ActionEvent e);  //响应双击的动作事件
```

这样,当列表中发生单击或双击动作时,系统就自动调用上述两个方法来处理相应的事件。

通常在 itemStateChanged(ItemEvent e)方法里,调用 e.getItemSelectable()方法获得产生这个选择事件的列表(List)对象的引用,再利用列表对象的方法 getSelectedIndex()或 getSelectedItem()就可以得知用户选择了列表的哪个选项。与 Checkbox 类似,e.getItemSelectable()的返回值需要先强制转化成 List 对象类型,然后才能调用 List 类的方法。例如:

```
String s=((List)e.getItemSelectable()).getSelectedItem();
```

在 actionPerformed(ActionEvent e)方法里,调用 e.getSource()可以得到产生此动作

事件的 List 对象引用，这时同样要使用强制类型转换：

((List)e. getSource())；

调用 e. getActionCommand()可以获得事件选项的字符串标签，在列表只被单选的情况下，相当于执行

((List)e. getSource()). getSelectedItem()；

的结果。需要注意，列表的双击事件并不能覆盖单击事件。当用户双击一个列表选项时，首先产生一个单击选项事件，然后产生一个双击动作事件。如果定义并注册了两种事件的监听者，itemStateChanged()方法和 actionPerformed()方法将分别被先后调用。

6.6.8 滚动条

(1) 创建

滚动条(Scrollbar)是一种比较特殊的 GUI 组件，它能够接受并体现连续的变化(调整)。创建 Scrollbar 类的对象即是创建一个含有滚动槽、增加箭头、减少箭头和滑块的滚动条。构造函数如下：

Scrollbar mySlider＝new Scrollbar(Scrollbar. HORIZONTAL，50，1，0，100)；

第一个参数说明新滚动条的方向，使用常量 Scrollbar. HORIZONTAL 将创建横向滚动条；使用常量 Scrollbar. VERTICAL 将创建纵向滚动条。

第二个参数说明滑块最初的显示位置，它应该是一个整型量。

第三个参数说明滑块的大小，滑块大小与整个滚动槽长度的比例应该与窗口中可视文本区域与整个文本区域的比例相当。对于滑块滚动不引起文本区域滚动的情况，可把滑块的大小设为 1。

第四个参数说明滚动槽代表的最小数据。

第五个参数说明滚动槽代表的最大数据。

(2) 常用方法

对于新创建的滚动条，设置它的单位增量和块增量还需要调用如下方法：

mySlider. setUnitIncrement(1)；

mySlider. setBlockIncrement(50)；

setUnitIncrement(int)方法指定滚动条的单位增量，即用户单击滚动条两端的三角按钮时改变的数据；setBloackIncrement(int)方法指定滚动条的块增量，即用户单击滚动槽时改变的数据。与上面两个方法相对应，滚动条类还定义了 getUnitIncrement()方法和 getBlockIncrement()方法，分别获取滚动条的单位增量和块增量。

getValue()方法返回代表当前滑块位置的整数值，当用户利用滚动条改变滑块在滚动槽中的位置时，getValue()方法的返回值将相应随之改变。

(3) 事件响应

滚动条可以引发 AdjustmentEvent 类的调整事件，当用户通过各种方式改变滑块位置从而改变滑块位置的数值时，都会引发调整事件。

6.6.9 画布

画布(Canvas)是一个用来画图的矩形背景组件，在画布里可以像在 Applet 里那样绘制

各种图形，也可以响应鼠标和键盘事件。

(1) 创建

Canvas 的构造函数没有参数，所以使用简单的语句就可以创建一个画布对象：

```
Canvas myCanvas=new Canvas();
```

在创建了 Canvas 对象之后，还应该调用 setSize()方法确定这个画布对象的大小，否则用户在运行界面中将看不到这个画布。

(2) 常用方法

Canvas 的常用方法只有一个 public void paint(Graphics g)，用户程序重载这个方法就可以实现在 Canvas 上面绘制有关图形。

(3) 产生事件

Canvas 对象与 Applet 相似，可以引发键盘和鼠标事件。

6.6.10 对话框

它是 Window 类的子类。对话框和一般窗口的区别在于它依赖于其他窗口。对话框分为非模式(non-modal)和模式(modal)两种。

6.6.11 文件对话框

当用户想打开或存储文件时，需使用文件对话框进行操作。主要代码如下：

```
FileDialog d=new FileDialog(ParentFr,"FileDialog");
d.setVisible(true);
String filename=d.getFile();
```


6.7 Swing 组件

在 Java 1.0 中，已经有一个用于 GUI 编程的类库 AWT(Abstract Window Toolkit)，称为抽象窗口工具箱。遗憾的是，AWT 中的组件，例如按钮(类名为 Button)在实现中使用了本地代码(Native Code)，其创建和行为是由应用程序所在平台上的本地 GUI 工具来处理的。因此，AWT 组件要在不同平台上给用户提供一致的行为就受到了很大的限制。同时，AWT 组件中还存在很多 bug，这就使得使用 AWT 来开发跨平台的 GUI 应用程序困难重重。

1996 年，SUN 公司和 Netsacpe 公司在一个称为 Swing 的项目中合作完善了 Netsacpe 公司原来开发的一套 GUI 库，也就是现在的 Swing 组件。Swing 组件和原来的 AWT 组件最大的区别就是 Swing 组件的实现中没有使用本地代码，这样对底层平台的依赖性就大为降低，能够给不同平台的用户一致的感觉。此外，和原来的 AWT 相比，Swing 提供了内容更多、使用更为方便的组件。

JFC(Java Foundation Class)的概念是在 1997 年的 JavaOne 开发者大会上首次提出的，指用于构建 GUI 的一组 API。实际上，Swing 只是 JFC 的一部分，其他的还有二维图形(Java 2D)API 以及拖放(Drag and Drop)API 等等。

但 Swing 并不是完全取代 AWT，它只是使用更好的 GUI 组件(如 JButton)代替 AWT

中相应的组件(如 Button),并且增加了一些 AWT 中没有的 GUI 组件。而且,Swing 仍使用 AWT 1.1 事件处理模型。

Swing 不但用轻量级的组件替代了 AWT 的重量级的组件,而且这些组件中都包含一些新的特性。例如,Swing 的按钮和标签可显示图标和文本,而 AWT 的按钮和标签只能显示文本。Swing 的大多数组件名是 AWT 组件名前面加上"J"。

JComponent 是一个抽象类,用于定义所有子类组件的一般方法,其类层次结构如图 6.13 所示:

```
java.lang.Object
└ java.awt.Component
   └ java.awt.Container
      └ javax.swing.JComponent
```

图 6.13 javax. swing. JComponent 的层次结构

JComponent 类继承于 Container 类,所以凡是此类组件都可作为容器使用。但并不是所有的 Swing 组件都继承于 JComponent 类。

组件从功能上可分为:

(1) 顶层容器:JFrame、JApplet、JDialog、JWindow。

(2) 中间容器:JPanel、JScrollPane、JSplitPane、JToolBar。

(3) 特殊容器:即在 GUI 上起特殊作用的中间层,如 JInternalFrame、JLayeredPane、JRootPane。

(4) 基本控件:即实现人机交互的组件,如 JButton、JComboBox、JList、JMenu、JSlider、JTextField。

(5) 不可编辑信息的显示:即向用户显示不可编辑信息的组件,例如 JLabel、JProgressBar、JToolTip。

(6) 可编辑信息的显示:即向用户显示能被编辑的格式化信息的组件,如 JColorChooser、JFileChoose、JFileChooser、JTable、JTextArea。

JComponent 类的特殊功能有:

(1) 边框设置:使用 setBorder()方法可以设置组件外围的边框,使用一个 EmptyBorder 对象能在组件周围留出空白。

(2) 双缓冲区:使用双缓冲技术能改进频繁变化的组件的显示效果。与 AWT 组件不同,JComponent 组件默认双缓冲区,而不必重写代码。如果想关闭双缓冲区,可以在组件上使用 setDoubleBuffered(false)方法。

(3) 提示信息:使用 setTooltipText()方法为组件设置对用户有帮助的提示信息。

(4) 键盘导航:使用 registerKeyboardAction() 方法能使用户用键盘代替鼠标驱动组件。JComponent 类的子类 AbstractButton 还提供了更便利的方法——用 setMnemonic()方法指明一个字符,通过这个字符和一个当前 L&F 的特殊修饰符共同激活按钮动作。

(5) 可插入 L&F:每个 JComponent 对象都有一个相应的 ComponentUI 对象,为它完成绘画、事件处理、决定尺寸大小等工作。ComponentUI 对象依赖当前使用的 L&F，用 UIManager. setLookAndFeel()方法可以设置 L&F.

(6) 支持布局：通过设置组件最大、最小、推荐尺寸的方法及设置 X、Y 对齐参数值的方法，能指定布局管理器的约束条件，为布局提供支持。

与 AWT 组件不同，Swing 组件不能直接添加到顶层容器中，而必须添加到一个与 Swing 顶层容器相关联的内容面板(content pane)中。内容面板是顶层容器包含的一个普通容器，是一个轻量级组件。基本规则如下：

① 把 Swing 组件放入一个 Swing 顶层容器的内容面板上；

② 避免使用非 Swing 的重量级组件。

例如，为 JFrame 添加组件有两种方式：

① 用 getContentPane()方法获得 JFrame 的内容面板，再对其加入组件 frame. getContentPane(). add(childComponent)

② 建立一个 JPanel 或 JDesktopPane 之类的中间容器，把组件添加到容器中，用 setContentPane()方法把该容器置为 JFrame 的内容面板：

```
Jpanel contentPane=new JPanel();        //把其他组件添加到 JPanel 中；
frame. setContentPane(contentPane);     //把 contentPane 对象设置成为 frame 的内
                                          容面板
```

6.7.1 JApplet 类

javax. swing. JApplet 是 java. applet. Applet 的子类，所有的 Swing GUI 组件都包含在 JApplet 小程序中。【程序 6.11】是一个实现 JApplet 小程序的简单例子，其使用与 Applet 小程序相似。

【程序 6.11】

```
TestJApplet. java
import   javax. swing. * ;
import   java. awt. * ;
public   class MyFirstJApplet extends JApplet
{
    public void paint(Graphics g)
    {
        g. drawString("一个 JApplet 小程序", 10, 20);
    }
}
```

与 JApplet 小程序配合使用的 HTML 文件和与 Applet 小程序配合使用的 HTML 文件没有什么差别。

JApplet 与 Applet 的差别在于 Applet 的缺省布局策略是 FlowLayout，而 JApplet 的缺省布局策略是 BorderLayout。另外向 JApplet 中加入 Swing 组件时不能直接用 add()方法，而必须先使用 JApplet 的 getContentPane()方法获得一个 Container 对象，再调用这个 Container 对象的 add()方法将 JComponent 及其子类对象加入到 JApplet 中。JComponent

类是所有 Swing GUI 组件的父类，这些 Swing GUI 组件都可以被加入到 JApplet 小程序或 Frame 容器中。基本上，每个 java. awt 组件都存在一个 javax. swing“J 组件”。例如，Button 对应存在 JButton；Label 对应存在 JLabel；且有些“J 组件”与对应的 AWT 组件的功能和作用类似，有些则有很大改进。

6.7.2 JFrame 类

JFrame 类的层次结构见图 6.14。

```
java.lang.Object
  └ java.awt.Component
      └ java.awt.Container
          └ javax.awt.Window
              └ javax.awt.Frame
                  └ javax.swing.JFrame
```

图 6.14 javax. awt. JFrame 的层次结构

(1) 构造方法

格式：JFrame(String title)

作用：用来创建标题为 title 的 JFrame。

(2) setSize 方法

格式：setSize(int width, int height)

作用：设置窗体的大小。

(3) setVisible 方法

格式：setVisible(boolean b)

作用：设置窗体的可见性。

以上三个方法均在 JFrame 的父类 Component 中。窗体对象的初始大小为(0, 0)，并且为不可见，必须通过 setVisible()和 setSize()两个方法进行设置。

【程序 6.12】

```
import javax.swing.*;
public class HelloWorldSwing{
public static void main(String[] args){
JFrame frame=new JFrame("HelloWorldSwing");
JLabel label=new JLabel("Hello World");
frame.getContentPane().add(label);
frame.setSize(200, 80);
frame.setVisible(true);
frame.setDefaultCloseOperation(JFrame.DISPOSE_ON_CLOSE);
JFrame frame1=new JFrame("HelloWorldSwing");
frame1.setSize(200, 180);
```

```
frame1.setVisible(true);
frame1.setDefaultCloseOperation(JFrame.EXIT_ON_CLOSE);
}
}
```

setDefaultCloseOperation()决定了按“关闭”按钮时要完成什么样的操作。DISPOSE_ON_CLOSE 和 EXIT_ON_CLOSE 是 JFrame 的静态常量。DISPOSE_ON_CLOSE 只关闭窗口,EXIT_ON_CLOSE 表示退出整个程序。

```
* * * * * * * * * * * * * *
import java.awt.*;
import java.awt.event.*;
import javax.swing.*;
public class SimpleSwingDemo extends JFrame implements ActionListener{
    private JLabel jLabel;
    private JButton jButton;
    private String labelPrefix="Number of button clicks:";
    private int numClicks=0;

    public SimpleSwingDemo(String title){
        super(title);

        jLabel=new JLabel(labelPrefix+"0");
        jButton=new JButton("I am a Swing button!");

        // 创建一个快捷键:用户按下 Alt+i 键等价于点击该 Button
        jButton.setMnemonic('i');

        //设置鼠标移动到该 Button 上时的提示信息
        jButton.setToolTipText("Press me");

        jButton.addActionListener(this);
        Container contentPane=getContentPane();
        contentPane.setLayout(new GridLayout(2, 1));
        contentPane.add(jLabel) ;
        contentPane.add(jButton);
        pack();
        setVisible(true);

        //当用户选择 JFrame 的关闭图标,将结束程序
        setDefaultCloseOperation(JFrame.EXIT_ON_CLOSE);
```

```
    }

    public void actionPerformed(ActionEvent e) {
            numClicks++;
        jLabel.setText(labelPrefix+numClicks);
        }

    public static void main(String[] args) {
        new SimpleSwingDemo("Hello");
    }
}
*************************************************/
import java.awt.*; //类 Toolkit Dimension
import javax.swing.*;
public class CenteredFrameTest
{
    public static void main(String[] args)
    {
        CenteredFrame frame=new CenteredFrame();
        frame.setDefaultCloseOperation(JFrame.EXIT_ON_CLOSE);
        frame.show();
    }
}
class CenteredFrame extends JFrame
{
    public CenteredFrame()
    {
        // get screen dimensions
        Toolkit kit=Toolkit.getDefaultToolkit();
        Dimension screenSize=kit.getScreenSize();
        int screenHeight=screenSize.height;
        int screenWidth=screenSize.width;
        // center frame in screen
        setSize(screenWidth / 2, screenHeight / 2);
        setLocation(screenWidth / 4, screenHeight / 4);
        setTitle("CenteredFrame");
    }
}
```

说明：

① Toolkit 类包括一些对窗口和屏幕的操作方法。

② ToolKit 类的 getDefaultToolkit 方法

格式:public static Toolkit getDefaultToolkit()

作用:返回一个 Toolkit 类的对象

③ Dimension 类

Dimension 类由高度和宽度两个元素组成,可用来表示某一组件的大小。构造方法如下:

Dimension d=new Dimension(100, 200);

frame1. setSize(d);

④ Toolkit 类的 getScreenSize 方法返回屏幕的大小,构造方法如下:

public Dimension getScreenSize();

6.7.3 JLabel 类

构造方法如下:

Jlabel() //创建空标签

Jlabel(Icon icon) //创建带指定图像的标签

Jlabel (String text) //创建带指定文字的标签

Jlabel (String text, Icon icon) //标签上既显示图标又显示字符

Jlabel (String text, Icon icon, int horizontalAlignment) //按指定的水平文字对齐方式创建标签,标签上既显示图标又显示文字

Jlabel (String text, int horizontalAlignment) //按指定的水平文字对齐方式创建有文字标签

Jlabel (Icon icon, int horizontalAlignment) //按指定的水平文字对齐方式创建有图像标签

常用方法有两个:

setMnemonic();

setActionCommand()。

6.7.4 JTextField 类

构造方法如下:

JTextField() //创建新单行文本框

JTextField(int columns) //创建指定长度的新单行文本框

JTextField(String Text) //创建初始内容为 Text 的新单行文本框

JTextField(String Text, int Columns) //创建初始内容为 Text 指定长度的新单行文本框

常用方法有两个:

public void setText(String s) //设置文本框

public String getTetx() //获取文本框内容

当光标在文本框内移动时引发 CaretEvent 事件，可注册 addCaretListener 监听器实现 addCaretListener 的 caretUpdate()，进行事件处理。

当在文本框内按下回车键时引发 ActionEvent 事件，可注册 addActionListener 监听器实现 actionPerformed()方法。

6.7.5 JPasswordField 类

单行口令文本框 JPasswordField 是 JTextField 的子类，在口令框中输入的字符会被其他字符代替，常用来编写输入口令的程序。

构造方法：与 JTextField 类似

常用方法如下：

char [] getPassword() //获取输入的口令

char getEchoChar() //获取口令框显示字符

void setEchoChar(char c) //设置口令框中的显示字符.系统默认为"*"

事件处理：同 JTextField

6.7.6 JButton 类

相对于 Button 类，JButton 类新增了很多非常实用的功能。例如，在 Swing 按钮上显示图标；在不同状态使用不同的 Swing 按钮图标；为 Swing 按钮添加提示信息等。其层次结构见图 6.15。

```
java.lang.Object
 └ java.awt.Component
    └ java.awt.Container
       └ javax.swing.JComponent
          └ javax.swing.JAbstractButton
             └ javax.swing.JButton
```

图 6.15 javax. swing. JButton 的层次结构

常用的构造方法有：

JButton(Icon icon) //按钮上显示图标

JButton(String text) //按钮上显示字符

JButton(String text, Icon icon) //按钮上既显示图标又显示字符

6.7.7 JCheckBox 类

JCheckBox 按钮可对某些相关的选择进行“选择”或“取消”的操作。

构造方法如下：

JChechBox() //创建无文本的复选框按钮

JChechBox(String s) //创建带文本的复选框按钮

JChechBox (String s, boolean b) //创建带文本的复选框按钮;b 为真时,表示复选框按钮初始化为"选中"

JChechBox (Icon icon) //创建带图标的复选框按钮

JChechBox (Icon icon, boolean b) //创建带图标的复选框按钮;b 为真时,表示复选框按钮初始化为"选中"

JChechBox (String s, Icon icon) //创建带图标和文字的复选框按钮

JChechBox (String s, Icon icon, boolean b) //创建带图标和文字的复选框按钮;b 为真时,表示复选框按钮初始化为"选中"

常用方法如下:

public boolean isSeleted() //复选框被选中时,返回 true,否则返回 false

JcheckBox 类的选择事件是 ItemEvent,可注册 addItemListener 监听器实现 ItemListener 接口的 itemStateChanged()方法。

6.7.8 JRadioButton 类

JRadioButton 可实现"多选一"操作,使用时要加入到一个按钮组 ButtonGroup 中。

构造方法如下:

JRadioButton() //创建空的单选按钮

JRadioButton(String s) //创建带文本的单选按钮

JRadioButton (String s, boolean b) //创建带文本的单选按钮;b 为真时,表示单选按钮被初始化为"选中"

JRadioButton (Icon icon) //创建带图标的单选按钮

JRadioButton (Icon icon, boolean b) //创建带图标的单选按钮;b 为真时,表示单选按钮被初始化为"选中"

JRadioButton (String s, Icon icon) //创建带图标和文字的单选按钮

JRadioButton (String s, Icon icon, boolean b) //创建带图标和文字的单选按钮;b 为真时,表示单选按钮被初始化为"选中"

当鼠标按下时引发 ActionEvent 类事件,可注册 addActionListener 监听器实现 actionPerformed() 方法。

6.7.9 JComboBox 类

构造方法如下:

JComboBox() //建立一个新的 JComboBox 组件

JComboBox(ComboBoxModel aModel) // 用 ListModel 建立一个新的 JComboBox 组件。

JComboBox(Object[] items) //利用 Array 对象建立一个新的 JComboBox 组件

JComboBox(Vector items) //利用 Vector 对象建立一个新的 JComboBox 组件

ComboBoxModel 是一个 interface,里面定义了两个方法,分别是 setSelectedItem()与

getSelectedItem()。这两个方法目的是在用户选取某个项目后，正确地显示用户选取的项目。下面是这两个方法的详细定义：

Object getSelectedItem()//返回所选取项目的值

Void setSelectedItem(Object anItem)//设置所选取项目的值

实训六　图形用户界面的设计与实现

一、实训目的

1. 熟悉基于 Swing 的 GUI 设计，会使用常用的组件和容器，能够解决一些小规模的问题。

2. 学会图形界面的基本事件处理。

3. 了解基本的编程模式，并有意识的合理应用到实际中。

二、实训内容

编程实现一个“小学数学加法”的学习测试软件。首先给学生呈现小学数学加法的学习内容，学习内容由随机的一位数、两位数和三位数加法运算组成。学生在学习完毕后可以单击“我要测试”按钮进入“测试窗口（中级难度）”，如果连续回答 5 道试题的正确率在 80%以上，系统会自动切换到“测试窗口（高级难度）”；如果学生的正确率低于 50%，则会进入到“测试窗口（初级难度）”；如果正确率介于两者之间，则继续测试 5 道试题……在高级难度的测试窗口中，如果学生对于 5 道试题的正确率超过 80%，程序结束；低于 50%，进入“测试窗口（中级难度）”；介于两者之间，继续测试。在低级难度测试窗口中，如果学生对于 5 道试题的正确率超过 80%，进入到“测试窗口（中级难度）”；低于 50%，程序结束；介于两者之间，继续测试。注意，任意时刻只能激活一个窗口。

习　题

1. 用户可以单击下拉框中选择项目进行输入的 GUI 组件是　（　　）

   A. JTextField　　B. ButtonGroup　　C. JComboBox　　D. JList

2. 以下哪个可作为所有窗体和对话框的顶层窗体使用　（　　）

   A. JPane　　B. JFrame　　C. JComponent　　D. JWindows

3. 以下哪个事件监听器不能添加到 TextArea 对象　（　　）

   A. TextListener　　B. ActionListener

   C. MouseMotionListener　　D. MouseListener

4. Component 类与 Container 类的主要区别在哪里?

5. 什么是事件驱动编程? 简述一个 Java 事件处理模型的具体步骤。

第7章 输 入 输 出

7.1 流和文件

7.1.1 流

输入输出是程序设计中的一个重要内容。任何程序都需要有数据输入,并对输入的数据进行运算处理后,再将数据输出。在面向对象的程序设计语言中,用数据流来实现输入和输出。数据流是一组有序的、有起点和终点的字节集合。

1) 输入流和输出流

输入流(InputStream)用于将程序中需要的数据从键盘或文件中读入。

输出流(OutputStream)用于将程序中产生的数据写到文件中,或在屏幕上显示、在打印机上打印出来。

整个输入输出的过程就是数据流入程序再从程序中流出的过程。由于采用了数据流的概念,故在程序设计中不必关心系统是如何实现输入输出的,也不必关心输入输出的设备。

2) 缓冲流

直接向外围设备输出数据或直接从外围设备输入数据,都会降低程序的执行效率。因此在计算机中,通过建立输入输出缓冲区来提高数据输入输出的效率。即在输出数据时先把数据写入缓冲区,然后处理器在空闲时将缓冲区中的数据再输出到磁盘等外围设备;读入数据时,先从外围设备读入一批数据到缓冲区,程序执行需要读数据时就先从缓冲区读取数据,如果需要的数据不在缓冲区,再到外围设备中去读取。

Java 中的缓冲流(buffered stream)就是为数据流配的一个缓冲区,即专门用于传送数据的一块内存区域。

标准输入输出是指命令行方式下的输入输出。用键盘输入数据是标准输入(stdin),以屏幕为对象的输出是标准输出(stdout),还有以屏幕为对象的标准错误输出(stderr)。

java. lang 包中的 System 类实现了标准输入输出功能,它被声明成一个 final 类:

public final class System extends Object

System 类不能创建对象,其中有三个成员:

public static final InputStream in

public static final PrintStream out

public static final PrintStream err

Java 通过三个对象 System. in、System. out 和 System. err 来实现标准输入、输出和标准错误输出。

(1) System. in

in 是字节输入流 InputStream 的对象,其中有 read 方法从键盘读入数据。

public int read() throws IOException

此方法将读入的一个字节作为整数返回,如没有字节,返回-1。

public int read(byte[] b) throws IOException

此方法读入若干字节到字节数组 b 中,返回实际读入的字节数。

(2) System. out

out 是流 PrintStream 的对象,其中有 print 和 println 方法向屏幕输出数据。

public void print(输出参数)

public void println(输出参数)

这两个方法支持任何类型的数据输出,方法 println 在输出数据后再输出一个回车符。

(3) System. err

和 System. out 一样向屏幕输出错误信息。

在 java. io 数据包中提供了输入输出流,支持两种类型的数据流:字节流(binary stream)和字符流(character stream)。其中有 InputStream 和 OutputStream 作为字节输入输出流的超类,Read 和 Write 作为字符输入输出流的超类,还有文件类 File。

在标准输入时用到的 System. in 对象就是 InputStream 类的对象,而 System. out 则是 OutputStream 的子类 PrintStream 的对象。

7.1.2 文件

Java 中有两种类型的文件:二进制文件和文本文件,这两种文件都以位流序列一个 0 或 1 的序列的方式存储数据。因此,这两种类型的文件之间的差别在于:①读或写数据程序对它们的不同解释:二进制文件是作为一个字节序列来处理的;而文本文件是作为一个字符序列来处理的。②文本文件可以用文本编辑器直接读写;而二进制文件虽不便使用文本编辑器直接读写,但能够高效地由程序来进行读写。这是因为文本文件包含的是一连串字符,二进制文件包含的是一连串二进制数。③文本文件也称做 ASCII 文件,因为它使用 ASCII 机制来存储数据;而如果一个文件所含的内容必须用二进制的形式进行处理,该文件就是二进制文件。

文本文件的实现在所有的计算机上几乎是相同的,因此可以将文本文件从一台计算机转移到另一台计算机上。而二进制文件在不同机型上的实现方式不一样,通常,只能被创建该文件的同种计算机、用同种编程语言读取。但二进制文件的处理效率比文本文件高。

Java 的设计者通过给整数以及所有其他基本数据类型仔细地定义大小和表示方式,实现了二进制文件的平台无关性。这意味着在 Java 中将二进制文件从一种类型的计算机转移到另一种类型的计算机后,Java 程序仍然能够读取这些二进制文件。这就结合了文本文件的可移植性和二进制文件效率高两方面的优点。

7.2 基本输入/输出类

Java 的输入输出功能必须借助输入输出类库 java. io 包来实现,这个包中的类大部分是用来完成流式输入输出的流类。

可将 Java 库的 I/O 类分割为输入与输出两个部分，这一点在用 Web 浏览器阅读联机 Java 类文档时便可知道。通过继承，从 InputStream（输入流）衍生的所有类都拥有名为 read() 的基本方法，用于读取单个字节或者字节数组。类似地，从 OutputStream 衍生的所有类都拥有基本方法 write()，用于写入单个字节或者字节数组。然而，我们通常不会用到这些方法，它们之所以存在，是因为更复杂的类可以利用它们，以便提供一个更有用的接口。我们很少用单个类创建自己的系统对象，一般情况下，是将多个对象重叠在一起，提供自己期望的功能。我们之所以感到 Java 的流库（Stream Library）异常复杂，正是由于为了创建单独一个结果流，却需要创建多个对象的缘故。

按照功能对类进行分类，库的设计者首先决定与输入有关的所有类都从 InputStream 继承，而与输出有关的所有类都从 OutputStream 继承。作为面向字节的输入输出流的超类，InputStream 和 OutputStream 类中提供了许多用于字节输入输出的方法，包括数据的读取、写入、标记位置、获取数据量以及关闭数据流等。图 7.1 和图 7.2 给出了类 InputStream 和 OutputStream 的层次结构。

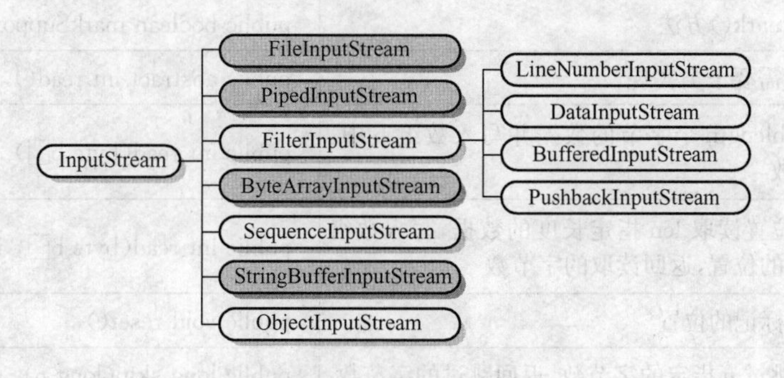

图 7.1　InputStream 的层次结构

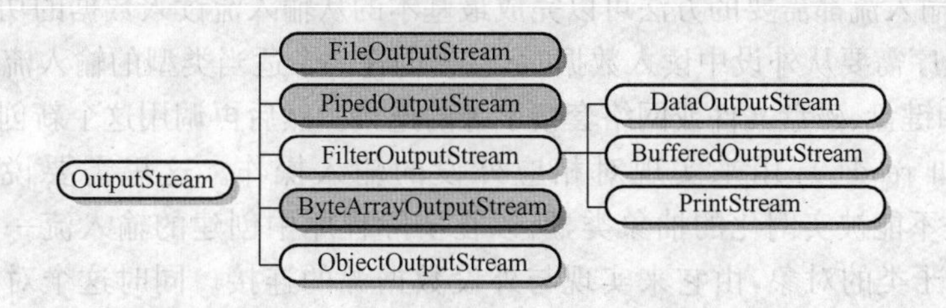

图 7.2　OutputStream 的层次结构

InputStream 和 OutputStream 类是不能实例化，实际上我们用的是它们的子类，如文件数据流 FileInputStream 和 FileOutputStream。

7.2.1　InputStream 类

InputStream 的作用是标志那些从不同起源地产生输入的类。这些起源地包括：

① 字节数组。

② String 对象。

③ 文件。

④ “管道”,它的工作原理与现实生活中的管道类似:将一些东西置入一端,并从另一端出来。

⑤ 一系列其他流,以便将其统一收集到单独一个流内。

⑥ 其他起源地,如 Internet 连接等。

它们都有一个相关的 InputStream 子类。

InputStream 流是一个抽象类,在该类中实现了基本的输入方法,见表 7.1。

表 7.1 InputStream 流的方法

含 义	方法的调用格式
构造方法,子类调用	public InputStream()
可以从流中读取的字节数	public int available()
关闭流	public void close()
在输入流的当前读取位置标记流,从该流的位置读取 readlimit 所指定的字节数后该标记失效	public void mark(int readlimit)
判断流是否支持 mark()方法	public boolean markSupported()
一个抽象的方法,需要子类实现	public abstract int read()
从输入流中读入 blength 个字节的数据并写入数组 b 中,返回读取的字节数	public int read(byte b[])
从输入流的当前位置读取 len 指定长度的数据,写入数组 b 中 off 下标开始的位置,返回读取的字节数	public int read(byte b[], int off, int len)
重置 mark()方法标记的位置	public void reset()
从流的当前位置跳过 n 指定的字节数,返回跳过的字节数	public long skip(long n)

这些所有输入流都需要的方法可以完成最基本的从输入流读入数据的功能。

当 Java 程序需要从外设中读入数据时,它先创建一个适当类型的输入流类的对象来完成与该外设,如键盘、磁盘文件或网络套接字等的连接。然后再调用这个新创建的流类对象的特定方法,如 read(),用来实现对相应外设的输入操作。这里需要说明的是,由于 InputStream是不能被实例化的抽象类,所以在实际程序中创建的输入流一般都是 InputStream 的某个子类的对象,由它来实现与外设数据源的连接。同时这个对象作为 InputStream 子类的实例,可以使用它继承 InputStream 的如下方法:

(1) 从输入流中读入数据的方法:read()方法是 InputStream 从输入流读入数据的方法,共有三种不同的 read()方法。它们共同的特点是只能逐字节地读取输入数据,即通过 InputStream 的 read()方法只能把数据以二进制的原始方式读入,而不能分解、重组和理解这些数据,使之变换、恢复到原来有意义的状态。

① public int read();

此方法每次执行都从输入流的当前位置处读入一个字节(8 位)的二进制数据,然后以此数据为低位字节,配上一个全零字节合成为一个 16 位的整型量返回给调用此方法的语句。如果输入流的当前位置没有数据,则返回-1。

② public int read(byte b [ ]);

此方法从输入流的当前位置连续读入多个字节保存在参数指定的字节数组 b[ ]中，同时返回所读到的字节的数目。

③ read(byte[]b, int off, int len);

从输入流中的指定位置处，连续读入指定长度的字节保存在参数指定的字节数组 b[] 中。

(2) 定位输入位置指针的方法：流式输入最基本的特点就是读操作的顺序性。每个流都有一个位置指针，它在流刚被创建时产生并指向流的第一个数据，以后的每次读操作都是在当前位置指针处执行。伴随着读操作的执行，位置指针自动后移，指向下一个未被读取的数据。位置指针决定了 read()方法将在输入流中读到哪个数据。

InputStream 中用来控制位置指针的方法有下面几个：

① public long skip(long n);使位置指针从当前位置向后跳过 n 个字节。

② public void mark();在当前位置指针处做一个标记。

③ public void reset();将位置指针返回到标记的位置。

(3) 关闭流的方法：当输入流使用完毕后可以调用如下的方法关闭它，并断开 Java 程序与外设数据源的连接，释放此连接所占用的系统资源。

public void close();

7.2.2 OutputStream 类

OutputStream 中包含一套所有输出流都要使用的方法。与读入操作一样，当 Java 程序需要向某外设，如屏幕、磁盘文件或另一台计算机输出数据时，先创建一个新的输出流对象来完成与该外设的连接，然后利用 OutputStream 提供的 write()方法将数据顺序写入到这个外设上。同样，因为 OutputStream 是不能实例化的抽象类，创建的输出流对象应该隶属于某个 OutputStream 的子类。

与输入流相似，输出流也是以顺序的写操作为基本特征的，只有前面的数据已被写入外设，才能输出后面的数据。OutputStream 实现的写操作与 InputStream 实现的读操作一样，只能忠实地将原始数据以二进制的方式，逐字节地写入输出流所连接的外设中，而不能对所传递的数据完成格式或类型转换。

public void write(int b);将参数 b 的低位字节写入到输出流。

public void write(byte b[]);将字节数组 b[]中的全部字节顺序写入到输出流。

public void flush();对于缓冲流式输出来说，write()方法所写的数据并没有直接传到与输出流相连的外设上，而是先暂时存放在流的缓冲区中，等到缓冲区中的数据积累到一定的数量，再统一执行一次向外设写的操作，把它们全部写到外设上。这样处理可以降低计算机对外设的读写次数，大大提高系统的效率。但是在某些情况下，当缓冲区中的数据不满时就需要将它写到外设上，此时就需要使用强制清空缓冲区并执行向外设写操作的 flush()方法。

当输出操作完毕时，应调用下面的方法来关闭输出流与外设的连接，并释放所占用的系统资源。

public void close();

7.2.3 PrintStream 类

System. out 和 System. err 都是 java. io. PrintStream 类的实例。PrintStream 是 FilterOutputStream 的子类,它将数字和对象转化为文本。System. out 起初用于简单的、字符型的应用程序和调试。

PrintStream 的作用不限于控制台打印,它是一个过滤器流,可以连接在任何其他流上。Java 增加了四个构造器,允许用 PrintStream 写数据到文件中。

选择 PrintStream 而不选择原始的 OutputStream 的原因是,它的 print()和 println()方法会把它们的参数转化为 String,再把 String 用指定方法转化为字节,最后写入底层的输出流。例如:

```
PrintStream out=new PrintStream(new FileOutputStream("numbers. dat"));
```

如果用 write()方法:

```
for(int i=0; i<=127; i++)out. write(i);
```

写完以后,文件包含 128 个字节,是纯二进制数据,如果试图用文本编辑器打开,会显示乱码,有的被翻译成 ASCII 文本,有的不可显示。

如果换用 print()方法:

```
for(int i=0; i <=127; i++)out. print(i);
```

则不直接写原始的二进制数据到文件中,而是把每个数字转换成字符串,再写出。如不是写比特数 20,而是写字符 2 和字符 0,则用文本编辑器打开后是0~127连续的数字。

PrintStream 类的 print()和 println()方法可以打印所有的 Java 数据类型,对对象自动调用 toString()方法转化,对原始数据类型则自动调用 String. valueOf()方法。

使 System. out 简单快速的原因不在 PrintStream 类本身,而在于编译器。Java 用+操作符表示字符串、原始数据类型、对象的串连,使得可以传递多重变量。例如:

```
System. out. println("As of"+(new Date())+" there have been over"+hits+" hits on the web site. ");
```

编译器重写这个复杂的表达式如下:

```
StringBuffer sb=new StringBuffer();
sb. append("As of");
Date d=new Date();
sb. append(d);
sb. append(" there have been over");
sb. append(hits);
sb. append(" hits on the web site. ")
String s=sb. toString();
System. out. println(s);
```

这里 StringBuffer. append()方法、print()方法及 println()方法使用了同样的方式。

PrintStream 从来不抛出 IOException 异常,类中的每个方法都可捕获 IOException。当发生异常时,特定的内部标记被设置为 true。如要检查有没有异常可以用:

```
public boolean checkError();
```

但当一个错误发生时，PrintStream 却没有办法重置，且通常当发生错误，接下来的写动作都不提示就失败，所以它不适用于大部分应用程序。

7.2.4 其他常用流类

Java 用从超类继承的 read()和 write()方法对打开的文件进行读写。

1) 用 read 方法读取文件的数据

public int read() throws IOException

返回从文件中读取的一个字节。

public int read(byte[] b) throws IOException

public int read(byte[] b, int off, int len) throws IOException

从文件中读取若干个字节到字节数组 b 中，其中 off 是 b 中的起始位置，len 是读取的最大长度。这两个方法返回读取的字节数。如果 b 的长度为 0，返回 0；如果输入流已结束，返回-1；如果 b 是空(null)，抛出运行时异常 NullPointerException；如果 off、len 为负数，或 off+len 大于数组的长度，抛出运行时异常 IndexOutOFBoundsException。

2) 用 write 方法将数据写入文件

public void write(int b) throws IOException

向文件写入一个字节，b 是 int 类型，所以将 b 的低 8 位写入。

public void write(byte[] b) throws IOException

public void write(byte[] b, int len) throws IOException

将字节数组写入文件，其中 off 是 b 中的起始位置，len 是写入的最大长度。如果 b 是空(null)，抛出运行时异常 NullPointerException；如果 off、len 为负数，或 off+len 大于数组的长度，抛出运行时异常 IndexOutOFBoundsException。

7.3 文件的输入/输出

FileInputStream 和 FileOutputStream 类分别用来创建磁盘文件的输入流和输出流对象，通过它们的构造函数指定文件路径和文件名。创建 FileInputStream 实例对象时，指定的文件应当是存在和可读的；创建 FileOutputStream 实例对象时，如果指定的文件已经存在，这个文件的原来内容将被覆盖清除。这里所说的输入和输出是相对于程序而言的，即 FileInputStream 用来读取文件的内容到程序中，叫文件输入流；而 FileOutputStream 用来把程序中的内容写入文件，叫文件输出流。

在 Java 中对文件的读写操作主要有这样几步：创建文件输入输出流的对象；打开文件；用文件读写方法读写数据；关闭数据流。

FileInputStream 和 FileOutputStream 实现对文件的顺序访问，它们以字节为单位对文件进行读写操作。

7.3.1 FileInputStream 类

创建 FileInputStream 的对象，打开要读取数据的文件。

FileInputStream 的构造方法是：

public FileInputStream(String name) throws FileNotFoundException

public FileInputStream(File file)throws FileNotFoundExceptiong

其中,name 是要打开的文件名,file 是文件类 File 的对象。

下面的语句可以创建文件的输入流对象,并打开要读取数据的文件 c:\javafile\test.java:

FileInputStream rf=new FileInputStream("c:\javafile\test.java");

如果要打开的文件没找到,抛出 FileNotFoundException 异常。

7.3.2 FileOutputStream 类

创建 FileOutputStream 的对象,打开要写入数据的文件。

FileOutputStream 的构造方法是:

public FileOutputStream(String name) throws FileNotFoundException

public FileOutputStream(String name, Boolean append) throws FileNotFoundException

public FileOutputStream(File file) throws FileNotFoundException

其中,name 是要打开的文件名,file 是文件类 File 的对象。如果 append 的值为 true,则在原文件的尾部添加数据,否则覆盖原文件内容;如果文件不存在就创建一个新文件。

下面的语句可以创建文件的输出流对象,并打开要写入数据的文件 c:\javafile\rest.java

FileOutputStream wf=new FileOutputStream("c:\javafile\rest.java");

如果要打开的文件没找到,抛出 FileNotFoundException 异常。

7.3.3 RandomAccessFile 类

RandomAccessFile 类是 Java 语言中功能最丰富的文件访问类,它提供了众多的文件访问方法。

RandomAccessFile 类支持随机访问方式,也就是可以跳转到文件的任意位置开始读写数据。RandomAccessFile 实例对象中有个指示器(类似指针),它可以跳转到文件的任意位置,RandomAccessFile 的读写操作都是从指示器所指示的当前位置开始,当读写 N 个字节以后,文件指示器将指向 N 个字节后的下一个字节。刚打开文件的时候,文件指示器指向文件的开头处;移动到新的位置时,随后的读写操作就会从新的位置开始。如果不想以从头到尾的方式来读写文件,使用 RandomAccessFile 类是一个很好的选择,比如网上下载的断点续传就是用的这种方法。

RandomAccessFile 类在随机读取等长记录格式的文件时有很大的优势。记录格式的文件里面存储的信息是一条条的记录,比如一条条员工的信息、一条条学生的成绩。等长记录就是每一条记录信息的内容长度一样,而如果记录的长度是相等的,那么就很容易定位到第 N 个记录(第 N 个员工)开始读取数据。

RandomAccessFile 类仅限于文件操作,不能访问其它的 I/O 设备,如网络等。在创建 RandomAccessFile 实例对象的时候,可以设置构造函数的参数来指定文件是以只读方式还是以读写方式打开,如果以只读方式打开,那就不能够向文件中写入数据。

```
new RandomAccessFile(f, "w"); //读写方式
new RandomAccessFile(f, "r"); //只读方式
```

下面来看一个例子：往文件中写入三名员工的信息，每个员工含有姓名和年龄两个字段，然后按照第二名、第一名、第三名的先后顺序读出员工信息。

【程序 7.1】

先定义一个 Employee 类：

```
public class Employee
{
public String name=null;
public int age=0;
public static final int LEN=8;
public Employee(String name, int age)
{
    if(name.length()>LEN) //如果姓名大于 8 个
    {
        this.name=name.substring(0, LEN); //截取前 8 位
    }
    else //如果姓名小于 8 个
    {
        while(name.length()<LEN) //填充空格到第 8 位
        {
            name+="\u0000"; //空格的 Unicode 码是\u0000
        }
    }
    this.name=name;
    this.age=age;
    }
}
```

再定义运行类：

```
import java.io.*;
public class RandomFileTest
{
    public static void main(String[] args) throws Exception
    {
        Employee e1=new Employee("zhenzhen", 18);
        Employee e2=new Employee("kaikai", 20);
        Employee e3=new Employee("guanguan", 17);
        RandomAccessFile ra=new RandomAccessFile("employee.txt", "rw");
                //将信息写入文件
```

```
ra.writeChars(e1.name);
        //writeChars()方法的参数可以是String类型,也就是可以字符串形式写入
ra.writeInt(e1.age);
ra.writeChars(e2.name);
ra.writeInt(e2.age);
ra.writeChars(e3.name);
ra.writeInt(e3.age);
ra.close();
String strName="";
RandomAccessFile raf=new RandomAccessFile("employee.txt","r");
//从文件读信息
/************第2个员工的信息************/
raf.skipBytes(Employee.LEN+4);
for(int i=0; i<Employee.LEN; i++) //for循环读取字符
{
    strName+=raf.readChar();
//readChar(),只能一个一个字符读,而写信息就可以用字符串的方式,参照 writeChars()方法
}
System.out.println(strName.trim()+":"+raf.readInt());
        //String的trim()可以减去多余的空格
        strName=""; //清空字符串变量
/************第1个员工的信息************/
raf.seek(0);
//读取第一个员工的信息需要将文件指示器跳转到文件开始处,seek()为绝对跳转,skipBytes为相对跳转
for(int i=0; i<Employee.LEN; i++)
{
    strName+=raf.readChar();
}
System.out.println(strName.trim()+":"+raf.readInt());
strName=""; //清空字符串变量
/************第3个员工的信息************/
raf.skipBytes(Employee.LEN*2+4);
for(int i=0; i<Employee.LEN; i++)
{
    strName+=raf.readChar();
}
```

```
            System.out.println(strName.trim()+":"+raf.readInt());
        }
    }
```

7.3.4 File 类

File 类是 I/O 包中唯一代表磁盘文件本身信息而不是文件内容的类。File 类定义了一些与平台无关的方法来操纵文件，调用 File 类的各种方法就可以创建和删除文件、重命名文件、判断文件的读写权限、判断文件是否存在、设置和查询文件的最近修改时间。

Java 中的目录被当作一种特殊的文件，使用 File 类的 list()方法就可以返回目录中的所有子目录和文件名。在 Unix 下的路径分隔符是/，在 DOS 下的路径分隔符是\，Java 可以正确处理 Unix 和 Dos 的路径分隔符。

下面例子是判断某个文件是否存在，且存在则删除，不存在则创建。

【程序 7.2】

```
import java.io.*;
import java.util.*;
public class FileTest
{
    public static void main(String[] args)
    {
        File f=new File("1.txt");
        if(f.exists())
        {
            f.delete();
        }
        else
        {
            try
            {
                f.createNewFile();
            }
            catch(Exception e)
            {
                e.printStackTrace();
            }
        }
        System.out.println("File name:"+f.getName()); //文件名
        System.out.println("File path:"+f.getPath()); //文件路径
        System.out.println("File abs path:"+f.getAbsolutePath());
                                                    //文件的绝对路径
```

```
        System.out.println(f.exists()?"exist":"not exist");          //文件是否存在
        System.out.println(f.isDirectory()?"director":"not director");
                                                                      //文件是否是目录
        System.out.println("File last modified"+new Date(f.lastModified()));
                                                                      //文件的上次修改时间
    }
}
```

实训七　流式输入输出

一、实训目的

1. 了解流式输入输出的基本原理。
2. 掌握类 File、FileInputStream、FileOutputStream、RandomAccessFile 的使用方法。

二、实训内容

1. 运行下面的程序，学习文件和目录的简单操作。

```
//运行前先在当前目录中建立一个目录，目录名为 test，向其中随意放入几个文件
import java.io.*;
public class FileOperation{
    public static void main(String args[]){
        try{
        BufferedReader din=new BufferedReader(new InputStreamReader(System.in));
            String sdir="test";
            String sfile;
            File Fdir1=new File(sdir);
            if (Fdir1.exists()&&Fdir1.isDirectory()){
            System.out.println("There is a directory"+sdir+" exists.");
            for(int i=0; i<Fdir1.list().length; i++) //列出目录下内容
                System.out.println((Fdir1.list())[i]);
            File Fdir2=new File("test\\temp");
            if(! Fdir2.exists()) Fdir2.mkdir();
            //创建原不存在的目录 System.out.println();
                System.out.println("Now the new list after create a new dir:");
            for(int i=0; i<Fdir1.list().length; i++) //检查目录是否已建立
                System.out.println((Fdir1.list())[i]);
            System.out.println();
            System.out.println("Enter a file name in this directory:");
            sfile=din.readLine(); //选取指定目录下的一个文件
            File Ffile=new File(Fdir1,sfile);
            if(Ffile.isFile()){ //显示文件有关信息
                System.out.println("File"+Ffile.getName()+" in Path"
                        +Ffile.getPath()+" is"+Ffile.length()+" in length.");
```

```
            }
        }else
            System.out.println("the directory doesn't exist!");
        }//try
    catch(Exception e){
            System.out.println(e.toString());
        }
    }
}
```

2. 运行下面的程序,学习随机文件的读写。

```
import java.io.*;
public class testRandom{
    public static void main(String args[]){
        try{
            RandomAccessFile rf=new RandomAccessFile("rtest.dat", "rw");
            for(int i=0; i<10; i++) rf.writeDouble(i*1.414);
                rf.close();
            rf=new RandomAccessFile("rtest.dat", "rw");
            rf.seek(5*8);
            rf.writeDouble(47.0001);
            rf.close();
            rf=new RandomAccessFile("rtest.dat", "r");
            for(int i=0; i<10; i++)
                System.out.println("Value"+i+":"+rf.readDouble());
            rf.close();
        }catch(IOException e){
            System.out.println(e.toString());
        }
    }
}
```

3. 创建一个简单的文本编辑器,它可打开文件对话框选择打开一个文件,并在文本区进行编辑,然后把它保存起来。

习　题

1. 采用 JDBC 访问数据库的基本步骤。
2. 使用 PreparedStatement 的好处。
3. 比较 JDBC 和 ODBC。
4. 简述 Java 数据库的应用模型。
5. 列举常用数据库的连接代码。

第 8 章　Java 网络编程

8.1　网络基础

8.1.1　TCP/IP

要让网络中的计算机能够互相通信,必须为每一台计算机制定一个标识号,通过这个标识号识别要接收数据的计算机和发送数据的计算机,在 TCP/IP 协议中,这个标识号就是 IP 地址。目前 IP 地址在计算机中用 4 个字节也就是 32 位的二进制来表示,为了方便记忆和使用,通常采用十进制数表示每个字节,并且每个字节之间用圆点隔开,如 192.168.0.1。

由于人们习惯使用字母表示地址,所以还可以用大家熟悉的 DNS(域名服务)形式表示网络中的计算机。例如,SUN 公司的域名是 www. sun. com。域名是由“.”分割的几个子域组成的。每次使用域名地址时,系统都会自动的将其转换成数字形式的 IP 地址,因为在网络中,IP 地址是唯一的,一个域名对应一个 IP 地址,而一个 IP 地址可以有多个域名与之对应。

在 TCP/IP 协议中,有两个高级协议是网络应用程序编写者应该了解的,它们是“传输控制协议”(Transmission Contorl Protocol, TCP)和“用户数据报协议”(User Datagram Protocol, UDP)。

TCP 是面向连接的通信协议,提供两台计算机之间的可靠无差错的数据传输。应用程序利用 TCP 进行通信时,源和目标会建立一个虚拟连接。这个连接一旦建立,两台计算机之间就可以进行双向交流数据,如同我们打通电话后,互相能听到对方说话一样。

UDP 是无连接通信协议,不保证数据传输的可靠,但能够向若干个目标发送数据,并接收来自若干个源的数据。简单地说,如果一个主机向另一台主机发送数据,这一数据会立即发出,而不管另外一台主机是否已准备接收数据,或确认收到与否。就像手机用户发短信一样,发送方并不能保证接收方一定收到信息。

TCP、UDP 数据包(也叫数据帧)的基本格式如图 8.1 所示。

协议类型	源 IP	目标 IP	源端口	目标端口	帧序号	帧数据

图 8.1　TCP、UDP 数据帧格式图例

其中协议类型用于区分 TCP 和 UDP。

8.1.2　通信端口

因为一台计算机上可以同时运行多个网络程序,IP 地址只能保证把数据送到该计算

机，但不能保证把这些数据交给对应的网络应用程序，因此，每个被发送的网络数据包的头部都包含有一个称为“端口”的部分，它是一个整数，用于表示该数据包应交给接收计算机的哪个网络应用程序。因此必须为网络程序制定一个端口号，不同的网络应用程序接收不同端口上的数据，同一台计算机不能同时有两个使用同一端口号的网络应用程序运行。端口号的范围为 0～65535。0～1023 之间的端口号是给一些知名的网络服务和应用程序使用的，例如，21 用于 FTP 服务，23 用于 Telnet 服务，80 用于 HTTP 服务。用户的网络应用程序应该使用1 024以上的端口号，从而避免端口号已被另一个应用或系统服务所用。如果一个网络程序指定了自己所用的端口号为 1234，那么其他网络程序发送给这个网络程序的数据包中必须指明接收程序的端口号为 1234，当数据到达第一个网络程序所在的计算机后，驱动程序根据数据包中的 1234 端口号，就知道要将这个数据包交给这个网络程序。

8.1.3 URL

互联网是连接全球计算机的网络，人们通过它来获取所需要的信息资源。这些资源的集合就是 World Wide Web，通常也称为 Web 或 WWW。它按人们的需求提供信息，包括文件、数据库的查询等。为了提供资源的标准识别方式，由欧洲粒子物理研究室(CERN)的物理学家 Tim Berners-Lee 设计了一个定位所有网络资源的标准方法，URL 就是其中的一部分。

URL(Uniform Resource Locator)是统一资源定位器的简称，它提供了互联网上资源的统一标识，也就是资源的地址。使用过浏览器的人一般都用过 URL。浏览器解析给定的 URL，从而在网络中找出对应的文件或资源。

URL 由两部分组成，协议部分和资源地址部分，中间用冒号分隔。协议部分表示获取资源所使用的传输协议，如 HTTP、FTP、Telnet 和 Gopher。

按照这种格式，mailto:jsjx@jit.edu.cn 表示发一封电子邮件到地址为 jit.edu.cn 机器上的 jsjx 邮箱中；ftp://jsjx@jit.edu.cn 表示与 jit.edu.cn 的 FTP 服务器连接并且使用 jsjx 账号登陆。

资源地址部分是资源的完整地址，包括主机名、端口号、文件名等，其一般格式如下：

Host:Port/file-info

Host 是网络中计算机的域名或 IP 地址，Port 是该计算机中用于监听服务的端口号。因为大部分应用程序协议定义了标准端口，所以除非使用的是非标准端口，否则 Port 和用于将 Host 和 Port 分开的冒号“:”是可以省略的。file-info 是网络所要求的资源，通常是一个文件，并包含文件存放的路径。下面是几个 URL 例子：

http://202.120.144.2

http://www.jit.edu.cn/it/index.htm

http://www.jit.edu.cn:100/it2/news.htm

8.1.4 客户机/服务器模式

客户机/服务器在分布处理过程中，使用基于连接的网络通信模式。该通信模式首先在客户机和服务器之间定义一套通信协议，并创建一个 Socket 类，利用这个类建立一条可靠的链接；然后，客户机/服务器再在这条链接上可靠地传输数据。客户机发出请求，服务器监听来自客户机的请求，并为客户机提供响应服务，这就是典型的"请求—应答"模式。下面是客户机/服务器的一个典型运作过程：

(1) 服务器监听相应端口的输入；

(2) 客户机发出一个请求；

(3) 服务器接收到此请求；

(4) 服务器处理这个请求，并把结果返回给客户机；

(5) 重复上述过程，直至完成一次会话过程。

按照以上过程，我们使用 Java 语言编写一个对服务器和客户机的应用程序(Application)。该程序在服务器上时，负责监听客户机请求，为每个客户机请求建立 Socket 连接，从而为客户机提供服务。

使用 Java 语言设计 C/S 程序时需要注意以下几点：

(1) 服务器使用 ServerSocket 类来处理客户机的连接请求。当客户机连接到服务器所监听的端口时，ServerSocket 将创建一个新的 Socket 对象，而这个新的 Socket 对象将连接到一些新端口，负责处理与之相对应的客户机的通信。然后，服务器继续监听 ServerSocket，处理新的客户机连接。Socket 和 ServerSocket 是 Java 网络类库提供的两个类。

(2) 服务器使用多线程机制。Server 对象本身就是一个线程，它的 run()方法是一个无限循环，用以监听来自客户机的连接。每当有一个新的客户机连接时，ServerSocket 就会创建一个新的 Socket 类实例，同时服务器也将创建一新线程，即 Connection 对象，以处理基于 Socket 的通信。与客户机的所有通信和服务的提供均由这个 Connection 对象处理。Connection 的构造函数将初始化基于 Socket 对象的通信流，并启动线程的运行。

(3) 客户机首先创建一个 Socket 对象，用以与服务器通信。之后创建两个对象 DataInputStream和 PrintStream，前者用以从 Socket 的 InputStream 输入流中读取数据，后者则用于往 Socket 的 OutputStream 中写数据。最后，客户机程序从标准输入(如控制台)中读取数据，并把这些数据写到服务器；再从服务器读取应答消息，并写到标准输出。

8.1.5 Java 网络编程

网络编程的目的就是直接或间接地通过网络协议与其他计算机进行通讯。网络编程中有两个主要的问题：一个是如何准确的定位网络上的一台或多台主机；另一个就是找到主机后如何可靠高效地进行数据传输。在 TCP/IP 协议中，IP 层主要负责网络主机的定位、数据传输的路由，由 IP 地址可以唯一地确定 Internet 上的一台主机；TCP 层则提供面向应用的可靠的或非可靠的数据传输机制，这是网络编程的主要对象，一般不需要关心 IP 层是如何处理数据的。

目前较为流行的网络编程模型是客户机/服务器(C/S)结构。即通信双方一方作为服务器，等待客户提出请求并予以响应；客户则在需要服务时向服务器提出申请。服务器一般作为守护进程始终运行，监听网络端口，一旦有客户请求，就会启动一个服务进程来响应该客户，同时自己继续监听服务端口，使后来的客户也能及时得到服务。

8.2 InetAddress 编程

Network API 是典型的用于基于 TCP/IP 网络的 Java 程序与其他程序的通讯，Network API 依靠 Socket(套接字)进行通讯。Socket 可以看成是两个程序进行通讯连接的一个端点：一个程序将一段信息写入 Socket 中，该 Socket 将这段信息发送给另外一个 Socket，使这段信息能传送到另一个程序中，如图 8.2 所示。

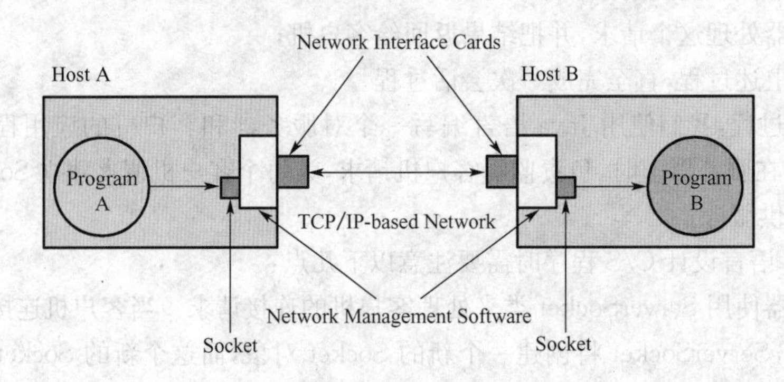

图 8.2

图 8.2 中 Host A 上的程序 A 将一段信息写入 Socket，Host A 的网络管理软件访问 Socket，获取其中的内容，并将这段信息通过 Host A 的网络接口卡发送到 Host B；Host B 的网络接口卡接收到这段信息后传送给 Host B 的网络管理软件，Host B 网络管理软件将这段信息保存在 Host B 的 Socket 中，然后程序 B 在 Socket 中阅读这段信息。

假设在图 8.2 的网络中添加第三个主机 Host C，那么 Host A 怎么知道信息被正确传送到 Host B 而不是被传送到 Host C 了呢？这是因为每一个基于 TCP/IP 网络通讯的程序都被赋予了唯一的端口和端口号。端口是一个信息缓冲区，用于保留 Socket 中的输入/输出信息；端口号是一个 16 位无符号整数，范围是 0～65535，用于区别主机上的每一个程序。低于 256 的端口号保留给标准应用程序，比如 POP3 的端口号是 110。

每一个套接字组合了 IP 地址、端口、端口号用以彼此区别。套接字分两种：流套接字和自寻址数据套接字。

无论何时，在两个网络应用程序之间发送和接收信息都需要建立一个可靠的连接，流套接字依靠 TCP 协议来保证信息正确到达目的地。实际上 IP 包有可能在网络中丢失或者在传送过程中发生错误，任何一种情况发生时，作为接受方的 TCP 将联系发送方的 TCP 重新发送这个 IP 包。这就是在两个流套接字之间建立可靠的连接。

流套接字在 C/S 程序中扮演一个必要的角色，客户机程序(需要访问某些服务的网络应用程序)创建一个扮演服务器程序(为客户端应用程序提供服务的网络应用程序)的主机的 IP 地址和端口号的流套接字对象。

客户端流套接字的初始化代码将 IP 地址和端口号传递给客户端主机的网络管理软件，管理软件将 IP 地址和端口号通过 NIC 传递给服务器端主机。服务器端主机读到经过 NIC 传递来的数据，查看服务器程序是否处于监听状态，这种监听依然是通过套接字和端口进行的。

如果服务器程序处于监听状态，那么服务器端网络管理软件就向客户机网络管理软件发出一个积极的响应信号;接收到响应信号后,客户端流套接字初始化代码给客户程序建立一个端口号,并将这个端口号传递给服务器程序的套接字(服务器程序将使用这个端口号识别传来的信息是否属于该客户程序)同时完成流套接字的初始化。

如果服务器程序没有处于监听状态,那么服务器端网络管理软件将给客户端传递一个消极信号,收到这个消极信号后,客户程序的流套接字初始化代码将抛出一个异常对象并且不建立通讯连接,也不创建流套接字对象。这种情形就像打电话一样,当有人的时候通讯建立,否则电话将被挂起。

这部分工作包括相关联的三个类:InetAddress, Socket,和 ServerSocket。InetAddress 对象描绘了 32 位或 128 位 IP 地址,Socket 对象代表客户程序流套接字,ServerSocket 代表服务程序流套接字,它们均位于包 java.net 中。

InetAddress 类在网络 API 套接字编程中扮演一个重要角色。参数传递给流套接字类和自寻址套接字类构造器或非构造器方法。InetAddress 描述 32 位或 64 位 IP 地址的功能主要依靠两个支持类 Inet4Address 和 Inet6Address 完成。这三个类是继承关系,InetAddrress 是父类,Inet4Address 和 Inet6Address 是子类。

由于 InetAddress 类只有一个构造函数,而且不能传递参数,所以不能直接创建 InetAddress 对象,比如下面的做法就是错误的:

InetAddress ia=new InetAddress ();

但可以通过下面 5 个方法来创建一个 InetAddress 对象或 InetAddress 数组。

① getAllByName(String host)方法返回一个 InetAddress 对象的引用,这个对象包含了一个代表相应主机名的 IP 地址,这个 IP 地址是通过 host 参数传递的。对于指定的主机,如果没有 IP 地址存在,那么这个方法将抛出一个 UnknownHostException 异常对象。

② getByAddress(byte [] addr)方法返回一个 InetAddress 对象的引用,这个对象包含了一个 IPv4 地址或 IPv6 地址。IPv4 地址是一个 4 字节数组,IPv6 地址是一个 16 字节数组,如果返回的数组既不是 4 字节的也不是 16 字节的,那么方法将会抛出一个 UnknownHostException 异常对象。

③ getByAddress(String host, byte [] addr)方法返回一个 InetAddress 对象的引用,这个对象包含了一个由 host 和 4 字节的 addr 数组指定的 IP 地址,或者由 host 和 16 字节的 addr 数组指定的 IP 地址,如果 addr 数组既不是 4 字节的也不是 16 字节的,那么该方法将抛出一个 UnknownHostException 异常对象。

④ getByName(String host)方法返回一个 InetAddress 对象的引用,该对象包含了一个与 host 参数指定的主机相对应的 IP 地址。对于指定的主机,如果没有 IP 地址存在,那么方法将抛出一个 UnknownHostException 异常对象。

⑤ getLocalHost()方法返回一个 InetAddress 对象的引用,这个对象包含了本地机的 IP 地址,考虑到本地主机既可能是客户程序主机又可能是服务器程序主机,为避免混乱,所以将客户程序主机称为客户主机,将服务器程序主机称为服务器主机。

可见上述方法均返回一个或多个 InetAddress 对象的引用,实际上每一个方法是返回一个或多个 Inet4Address/Inet6Address 对象的引用。调用者不需要知道引用的子类型,却可以使用返回的引用调用 InetAddress 对象的非静态方法,包括子类型的多态,以确保重载方法被调用。

InetAddress 和它的子类型对象处理主机名到主机 IPv4 或 IPv6 地址的转换，要完成这个转换需要使用域名系统。下面的代码示范了如何通过调用 getByName(String host)方法获得 InetAddress 子类对象的方法，这个对象包含了与 host 参数相对应的 IP 地址：

InetAddress ia＝InetAddress. getByName ("www. javajeff. com")；

一旦获得了 InetAddress 子类对象的引用就可以调用 InetAddress 的各种方法来获得 InetAddress 子类对象中的 IP 地址信息。比如，可以通过调用 getCanonicalHostName()从域名服务中获得标准的主机名；调用 getHostAddress()获得 IP 地址；调用 getHostName()获得主机名；调用 isLoopbackAddress()判断 IP 地址是否是一个 loopback 地址。举例如下：

【程序 8.1】

```
importjava. net. * ;
public class InetaddressDemo
{
    public  static  void  main(String args[])
    {
        String  host="localhost";
        If(args. length==1)
            Host=args[0];
        InetAddress ia=new InetAddress. getByName(host);
        System. out. println("Canonical host name="+ia. getCanonicalHostName());
        System. out. println("Host Address="+ia. getHostAddress());
        System. out. println("Host Name="+ia. getHostName());
        System. out. println("Is Loopback Address="+ia. isLoopbackAddress());
    }
}
```

适当修改增加异常处理模块。执行程序，当无命令参数时，结果为：

Canonical host name＝127. 0. 0. 1

Host Address＝127. 0. 0. 1

Host Name＝localhost

Is Loopback Address＝true

8.3 URL 编程

Java 提供的基本网络功能包含在 java. net 软件包中。

URL 类使用的是 World Wide Web 上资源的标准地址格式。一个 URL 类似一个文件名，它给出了可以获取信息的地方。应用 URL 类访问 Internet 分为两个步骤：先应用 URL 类构造方法创建 URL 对象，然后获取 URL 对象的信息。

8.3.1 创建 URL 对象

创建一个 URL 对象有如下几种构造方法供选择：

① public URL(String fullURL)

② public URL(String protocol, String hostname, String filename)

③ public URL(String protocol, String hostname, int portNum, String filename)

④ public URL(URL contextURL, String spec)

第一种方法使用一个完整URL的字符串创建URL对象。例如：

URL HomePage=new URL("http://www.jit.edu.cn");

第二、三种方法通过给出协议、主机名、文件名及一个可选择的端口号来创建URL对象。例如：

URL HomePage=new URL("http","www.jit.edu.cn","jit");

URL HomePage=new URL("http","www.jit.edu.cn",80,"jit"); //80是默认的端口

如果用户已经建立了一个URL，并且想基于已有的URL的某些信息创建一个新的URL，可使用第四种构造方法创建。假设在存放小应用程序的.html文件的同一个目录下，存放了一个名为myfile.txt的文件，则applet可按如下方式为myfile.txt创建一个URL：

URL myfileURL=new URL(getDocumentBase(),"myfile.txt");

如果将myfile.txt文件存放在小应用程序的.class文件所在的目录下（可以是也可以不是.html文件所在的目录），applet将按如下方式为myfile.txt创建一个URL：

URL myfileURL=new URL(getCodeBase(),"myfile.txt");

这种方法常用于小应用程序中，因为Applet类为小应用程序的.class文件所驻留的目录返回一个URL，所以可以得到存放小应用程序文档的目录的URL。

URL类的构造方法都要声明非运行时异常MalformedURLException，因此创建URL对象时的格式如下：

```
Try{
    URL url=new URL(…);
    …
}catch(MalformedURLException e)
{
    … //异常处理代码
}
```

8.3.2 获取URL对象的属性

URL对象的信息包括对象本身的属性，如协议名、主机名、端口名、文件名等。下面是获取有关属性的方法：

① public String GetProtocol() //返回该URL对象的协议名

② public String GetHost() //返回该URL对象的主机名

③ public String GetPort() //返回该URL对象的端口号

④ public String GetFile() //返回该URL对象的文件名

⑤ public String GetRef() //返回该URL对象在文件中的引用标签。这是HTML页面的可选索引项，它在文件名之后，以一个#号开始

⑥ public String toString()　　　//创建代表 URL 对象的字符串

除了可以获取 URL 对象的属性外，还可以使用以下两种方法获取存放在 URL 对象上的信息：

(1) 使用 openConnection 得到一个与 URL 的 URLConnection 连接。

通过 URL 类中的 openConnection 方法生成 URLConnection 类的对象，然后由 URLConnection 类提供的 getInputStream()方法获取网络信息。下面是有关方法的定义：

① public URLConnection openConnection() throws IOException

该方法返回 URL 对象指定的一个远程对象的连接，它是一个 URLConnection 对象。

② public InputStream getInputStream()

该方法返回一个 InputStream 类的对象。

(2) 使用 openStream 方法得到一个到 URL 的 InputStream 流

应用 URL 类的 openStream 方法可以与指定的 URL 建立连接并从中获取信息。其方法的定义如下：

public final InputStream openStream() throws IOException

下面的代码打开一个 URL 输入流并使用一次读取一个字节的方式，将 URL 的内容复制到 System. out 流。

```
try{
    URL myURL=new URL(getDocumentBase(),"foo. html");
    InputStream in=myURL. openStream();            //为 URL 获得输入流
    int b;
    while((b=in. read()) ! =-1)                     //读取下一个字节
    {
        System. out. println((char)b);              //输出读取的字节
    }
} catch(Exception e){
    e. printStackTrace();                           //出现某种错误
}
```

【例 8.2】

```
import java. net. URLConnection;
import java. net. HttpURLConnection;
import java. net. JarURLConnection;
import java. net. URL;
import java. io. IOException;
import java. io. InputStreamReader;
import java. io. InputStream;
import java. io. BufferedReader;
import java. io. InputStreamReader;
public class URLConnectionTest
{
```

```
public static void main(String [] args)
{
    try
    {
        /*
         * 方法一
         *
        URL url=new URL("http://www.sina.com.cn");
        URLConnection urlcon=url.openConnection();
        InputStream is=urlcon.getInputStream();
        */

        /*
         * 方法二
         *
        URL url=new URL("http://www.yhfund.com.cn");
        HttpURLConnection urlcon=(HttpURLConnection)url.openConnection();
        InputStream is=urlcon.getInputStream();
        */

        /*
         * 方法三
        URL url=new URL("http://www.yhfund.com.cn");
        InputStream is=url.openStream();
        */
        long begintime=System.currentTimeMillis();

        URL url=new URL("http://www.yhfund.com.cn");
        HttpURLConnection urlcon=(HttpURLConnection)url.openConnection();
        urlcon.connect(); //获取连接
        InputStream is=urlcon.getInputStream();
        BufferedReader buffer=new BufferedReader(new InputStreamReader(is));
        StringBuffer bs=new StringBuffer();
        String l=null;
        while((l=buffer.readLine())!=null){
            bs.append(l).append("\n");
        }
        System.out.println(bs.toString());
```

```
            //System.out.println("content-encode:"+urlcon.getContentEncoding());
            //System.out.println("content-length:"+urlcon.getContentLength());
            //System.out.println("content-type:"+urlcon.getContentType());
            //System.out.println("date:"+urlcon.getDate());
            System.out.println("总共执行时间为:"+(System.currentTimeMillis
                        ()-begintime)+"毫秒");
        }catch(IOException e){
            System.out.println(e);
        }
    }
}
```

8.4 Socket 编程

本节将应用Java的 Socket 来实现网络上两个程序之间的通信。套接字通信需要两个类：Socket 和ServerSocket 类，它们代表网络通信的两端：客户端和服务器端，都位于 java.net 包中。套接字是在网络连接时使用的。当连接成功时，应用程序两端都会产生一个套接字对象，然后对这个对象进行操作，完成所需的通信。对于一个网络连接来说，套接字是平等的，不会因为在服务器端或在客户端而产生不同的级别。不管是 Socket 还是 ServerSocket，它们的工作都是通过 Socket 类及其子类完成的。

8.4.1 Socket 与 ServerSocket 类

实现套接字通信的基本步骤如下所示：

(1) 创建套接字对象。

① 客户端的构造方法如下：

Socket (String host, int port)

Socket (InetAddress address, int port)

在以上的构造方法中，host、port、address 是要连接的服务器的主机名、端口号和 IP 地址。

② 服务器端的构造方法如下：

ServerSocket (int port)

ServerSocket (int port, int users)

在以上的构造方法中，port 是与客户端定义相同的端口号，users 是服务器端能够接收的最大用户数。

不管在客户端还是在服务器端，创建套接字对象时，都可能发生 IOException 异常，因此可以按以下方式创建。

客户端：

```
try{Socket questsocket=new Socket("http://www.jit.edu.cn", 1000);
}catch(IOException e) {...}
```

服务器端：

```
try{ServerSocket serversocket=new ServerSocket(1000);
}catch(IOException e){...}
```

(2) 建立与套接字的连接。

客户端只要创建了套接字对象，就表示已建立了与套接字的连接。

服务器端除了创建套接字对象外，还需要用accept()方法等待客户端的呼叫，即接受客户端的套接字对象，如下所示：

```
try {Socket socket=serversocket.accept();
}catch(IOException e){…}
```

Accept方法用于产生阻塞，直到接收到一个客户端的连接，并且返回一个客户端的套接字对象。阻塞是使程序运行暂时停留在某个地方，直到一个连接建立，然后再继续。

(3) 获取套接字的输入流、输出流，并进行读写操作。

getInputStream()方法获得网络连接输入，同时返回一个InputStream类对象。

getOutputStream()方法使连接的另一端将获得输入，同时返回一个OutputStream类对象。

通过InputStream和OutputStream对象，就可按照一定的协议进行读写操作。

注意：getInputStream和getOutputStream方法均会产生一个IOException，它必须被捕获，因为两个方法返回的流对象，通常都会被另一个流对象使用。

(4) 关闭套接字。方法如下：

```
socket.close()
```


8.4.2 Socket通信

网络编程的简单理解就是两台计算机相互通讯数据，对于程序员而言，掌握一种编程接口并使用一种编程模型相对就会简单很多。Java SDK提供了一些相对简单的API来完成这些工作，Socket就是其中之一。这些API存在于java.net这个包里面，因此只要导入这个包就可以准备网络编程了。

网络编程的基本模型就是客户机/服务器模型。简单地说就是两个进程之间相互通讯，其中一个必须提供一个固定的位置，而另一个只需要知道这个固定的位置，并建立两者之间的联系，然后完成数据的通讯就可以了。提供固定位置的通常称为服务器，而建立联系的通常叫做客户机。基于这个简单的模型，就可以进行网络编程。

Java有很多种API支持这个模型，而这里只介绍有关Socket的编程接口。首先讨论提供固定位置的服务器是如何建立的。Java提供了ServerSocket对其进行支持。事实上当创建该类的一个实例对象并提供一个端口资源后，就建立了一个固定位置供其他计算机访问，方法如下："ServerSocket server=new ServerSocket(6789);"。这里要注意的是端口的分配必须是唯一的，因为端口是为唯一标识每台计算机服务的，然后要由客户机提出连接要求。Java同样提供了一个Socket对象对其进行支持，客户机只要创建一个Socket的实例对象，方法如下："Socket client=new Socket(InetAddress.getLocalHost(),5678);"。由于客户机必须知道服务器的IP地址，因此Java提供了一个相关的类InetAddress。该类对象的实例必须通过它的静态方法来提供。

这样就建立了连接,使两台计算机可以相互交流了。下一步是实现数据的传输。因为底层的网络是基于数据的,因此除非远程调用,处理问题的核心在执行上,否则数据的交互还是依赖于I/O操作,所以必须导入java.io包。Java提供了针对字节流和Unicode的读者和写者,并且提供了一个缓冲用于数据的读写。

BufferedReader in=new BufferedReader(new InputStreamReader(server.getInputStream()));

PrintWriter out=new PrintWriter(server.getOutputStream());

上面两句是建立缓冲并把原始的字节流转变为Unicode。原始的字节流来源于Socket的两个方法:getInputStream()和getOutputStream(),它们分别用来得到输入和输出。举例如下:

【程序8.3】

服务器代码:

```
import java.io.*;
import java.net.*;
public class MyServer
{
    public static void main(String[] args) throws IOException
    {
        ServerSocket server=new ServerSocket(5678);
        Socket client=server.accept();
        BufferedReader in=
        new BufferedReader(new InputStreamReader(client.getInputStream()));
        PrintWriter out=new PrintWriter(client.getOutputStream());
        while(true){
            String str=in.readLine();
            System.out.println(str);
            out.println("has receive....");
            out.flush();
            if(str.equals("end"))
                break;
        }
        client.close();
    }
}
```

服务器不断接收客户机所写入的信息,直到客户机发送"end"字符串。而服务器发出"receive"作为回应,告知客户机已接收到信息。

客户机代码:

```
import java.net.*;
import java.io.*;
```

```
public class Client{
    static Socket server;
    public static void main(String[] args)throws Exception{
    server=new Socket(InetAddress.getLocalHost(), 5678);
        BufferedReader in=new BufferedReader(new InputStreamReader(server.
        getInputStream()));
    PrintWriter out=new PrintWriter(server.getOutputStream());
    BufferedReader wt=new BufferedReader(new InputStreamReader(System.in));
    while(true){
            String str=wt.readLine();
            out.println(str);
            out.flush();
            if(str.equals("end")){
                break;
            }
            System.out.println(in.readLine());
    }
    server.close();
  }
}
```

客户机接收键盘输入,并把该信息输出,且以“end”作为退出标识。

这个程序只是两台计算机之间的通讯,如果多个客户同时访问一个服务器呢？若试着再运行一个客户机,结果是抛出异常。那么多个客户机如何实现呢？

通过分析可知,客户机和服务器通讯的主要通道就是 Socket 本身,而服务器通过 accept 方法就可以同意和客户机建立通讯。这样当客户机建立 Socket 的同时,服务器也会使用这个连接进行通讯,即只要存在多个连接就可以了。将程序修改如下：

服务器：

```
import java.io.*;
import java.net.*;
public class MyServer {
    public static void main(String[] args) throws IOException{
    ServerSocket server=new ServerSocket(5678);
    while(true){
        Socket client=server.accept();
  BufferedReader in=
  new BufferedReader(new InputStreamReader(client.getInputStream()));
        PrintWriter out=new PrintWriter(client.getOutputStream());
        while(true){
            String str=in.readLine();
```

```
                System.out.println(str);
                out.println("has receive....");
                out.flush();
                if(str.equals("end"))
                    break;
                }
            client.close();
            }
        }
    }
```

这里仅仅增加了一个外层的While循环。这个循环的目的是一个客户进来就为它分配一个Socket直到这个客户完成一次和服务器的交互,也就是接受到客户的"end"消息。这样就实现了多客户之间的交互。但是现在通讯是排队执行的,也就是说,只有一个客户和服务器完成一次通讯,下一个客户才可以和服务器交互,无法做到同时服务。那么如何才能既相互交流又同时交流呢?很显然这是一个并行执行的问题,所以线程是最好的解决方案。

首先要创建线程并使其与网络取得联系,然后由线程来执行刚才的操作。创建线程要么直接继承Thread,要么实现Runnable接口;要建立和Socket的联系则要传递引用;而要执行线程必须重写run()方法。则程序修改如下:

```
import java.net.*;
import java.io.*;
public class MultiUser extends Thread{
    private Socket client;
    public MultiUser(Socket c){
    this.client=c; }
    public void run(){
    try{
BufferedReader in=
new BufferedReader(new InputStreamReader(client.getInputStream()));
        PrintWriter out=new PrintWriter(client.getOutputStream());
        //Mutil User but can parallel
        while(true){
            String str=in.readLine();
            System.out.println(str);
            out.println("has receive....");
            out.flush();
            if(str.equals("end"))
                break;
        }
        client.close();
```

```
    }catch(IOException ex){
    }finally{
    }
    }

public static void main(String[] args)throws IOException{
    ServerSocket server=new ServerSocket(5678);
    while(true){
    //transfer location change Single User or Multi User
    MultiUser mu=new MultiUser(server.accept());
    mu.start();
    }
    }
    }
```

MultiUser 直接从 Thread 类继承而来，并且通过构造函数传递引用和客户 Socket 建立联系。这样每个线程就有了一个通讯管道。同样填写 run()方法，把之前的操作交给线程来完成，这样就建立了多客户并行的 Socket。

8.5 数据报通信

Datagram(数据报)是一种尽力而为的传送数据的方式，它只是把数据的目的地记录在数据包中，然后直接放在网络上，系统不保证数据能否安全送到，或者什么时候可以送到，也就是说它并不保证传送质量。

8.5.1 UDP 套接字

数据报是网络层数据单元在介质上传输信息的一种逻辑分组格式，是一种在网络中传播的、独立的、自身包含地址信息的消息，它能否到达目的地、到达的时间、到达时内容是否会变化不能准确地知道。它的通信双方不需要建立连接，对于一些不需要很高质量的应用程序来说，数据报通信是一个非常好的选择。还有在对实时性要求很高的时候，比如在实时音频和视频应用中，数据包的丢失和位置错乱是静态的，是可以被人们所忍受的，但是如果在数据包位置错乱或丢失时要求数据包重传，则是用户不能忍受的，就可以利用 UDP 协议传输数据包。在 Java 的 java. net 包中有两个类 DatagramSocket 和 DatagramPacket 为应用程序中采用数据报通信方式进行网络通信。

使用数据报方式首先要将数据打包，Java. net 包中的 DategramPacket 类用来创建数据包。数据报有两种，一种用来传递数据包，该数据包有目的地址；另一种用来接收传递过来的数据包中的数据。接收数据包通过 DatagramPacket 类的方法构造：

public DatagramPacket(byte ibuft[], int ilength)

public DatagramPacket(byte ibuft[], int offset, int ilength)

ibuft[]为接受数据报存储数据的缓冲区的长度，ilength 为从传递过来的数据包中读取的字节数。当采用第一种构造方法时,接收到的数据从 ibuft[0]开始存放,直到整个数据包接收完毕或者将 ilength 的字节写入 ibuft 为止。采用第二种构造方法时,接收到的数据从 ibuft[offset]开始存放。如果数据包长度超出了 ilength,则触发 IllegalArgumentException,不过这是 RuntimeException,不需要用户代码捕获。示范代码如下:

```
byte[ ] buffer=new byte[8912];
DatagramPacket datap=new DatagramPacket(buffer, buffer. length());
```

创建发送数据包的构造方法为:

```
public DatagramPacket(byt ibuf[], int ilength, InetAddrss iaddr, int port)
public DatagramPacket(byt ibuf[], int offset, int ilength, InetAddrss iaddr, int port)
```

iaddr 为数据包要传递到的目标地址,port 为目标地址的程序接受数据报的端口号(即目标地址计算机上运行的客户程序是在哪一个端口接收服务器发送过来的数据包)。ibuf[]为要发送数据的存储区,从 ibuf 数组的 offset 位置开始填充 ilength 字节;如果没有 offset,则从 ibuf 数组的 0 位置开始填充。以下示范代码是要发送一串字符串:

```
String s=new String("java networking");
byte[] data=s. getbytes();
int port=1024;
try{
InetAddress ineta=InetAddress. getByName(" 169. 254. 0. 14");
DatagramPacket datap=new DatagramPacket(data, data. length(), ineta, port);
}catch(IOException e) {…}
```


数据包也是对象,也有操作方法用来获取数据包的信息,这是很有用的。其方法如下:

```
public InetAddress getAddress();
```

如果是发送数据包,则获得数据包的目标地址;如果是接收数据包则返回发送此数据包的源地址。

```
public byte[]getData()
```

返回一个字节数组,其中是数据包的数据。如果想把字节数组转换成别的类型就要进行转换。例如想转换成 String 类型,可以进行如下处理。设 DatagramPacket datap 为:String s=new String(datap. getbytes());

```
public int getLength() //获得数据包中数据的字节数
pubic int getPort() //返回数据包中的目标地址的主机端口号
```

发送和接收数据包的同时还需要发送和接收数据包的套接字,即 DatagramSocket 对象。DatagramSocket 套接字在本地机器端口监听是否有数据包到达或者有数据包发送。其构造方法如下:

```
public DatagramSocket()
```

这个方法用本地机上任何一个可用的端口创建一个套接字,端口号由系统随机产生。使用方法如下:

```
try{
        DatagramSocket datas=new DatagramSocket();
```

```
//发送数据包
}catch(SocketException e){
}
```

由于没有指定端口号，因此可以用在客户端。如果构造不成功则触发 SocketException 异常。

public DatagramSocket(int port)

用一个指定的端口号 port 创建一个套接字。当不能创建套接字时就抛出 SocketException 异常，原因是指定的端口已被占用，或者试图连接小于 1024 的端口号但是不具备权限。

8.5.2 实例：利用 DatagramSocket 查询端口占用情况

可以利用这个异常探查本地机的端口号有没有被占用。

【程序 8.4】

```
import java.net.*;
public class UDPScan
{
    public static void main(String args[])
    {
        for (int port=1024;port<=65535;port++)
        {
            try {
            DatagramSocket server=new DatagramSocket(port);
            server.close();
            }
           catch(SocketException e) {
           System.out.println("there is a server in port"+port+".");
           }
        }
    }
}
```

在第 6～15 行用 for 循环以端口号为参数实例化 DatagramSocket，其中端口号从 1024～65535。如果在实例化过程中出错，会抛出 SocketException 异常。根据这个异常就可以判断出哪些端口被占用，哪些是空闲的。值得一提的是，在实例化 DatagramSocket 后，需调用 close()关闭它，这是应该遵循的良好编程习惯。端口号在 1024 以下的系统可能会用到，比如 HTTP 默认为 80 端口、FTP 默认为 21 端口等等，所以从 1024 端口开始探查。

套接字对象也有相应的方法，介绍如下：

pubic void close() //创建一个套接字后，用该方法关闭。

public int getLocalPort() //返回本地套接字正在监听的端口号。

public void receive(DatagramPacket p) //从网络上接收数据包并将其存储在 Data-

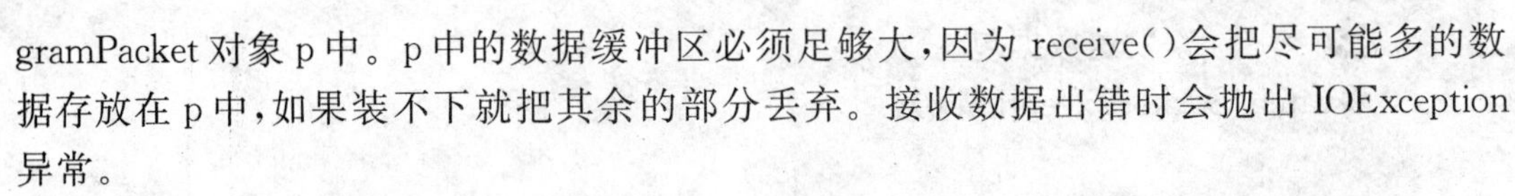

gramPacket 对象 p 中。p 中的数据缓冲区必须足够大，因为 receive()会把尽可能多的数据存放在 p 中，如果装不下就把其余的部分丢弃。接收数据出错时会抛出 IOException 异常。

public Void Send(DatagramPacket p) //发送数据包，出错时会抛出 IOException 异常。

下面详细说明在 Java 中实现客户机与服务器之间数据报通信的方法。

(1) 首先建立数据报通信的 Socket，可以通过创建一个 DatagramSocket 对象实现。在 Java 中，DatagramSocket 类有如下两种构造方法：

public DatagramSocket() //构造一个数据报 Socket，并使其与本地主机任一可用的端口连接。若打不开 Socket 则抛出 SocketException 异常。

public DatagramSocket(int port) //构造一个数据报 Socket，并使其与本地主机指定的端口连接。若打不开 Socket 或 Socket 无法与指定的端口连接，则抛出 SocketException 异常。

(2) 创建一个数据报文包，用来实现无连接的包传送服务。数据报文包用 DatagramPacket 类创建，DatagramPacket 对象封装了数据报包数据、包长度、目标地址和目标端口。客户端要发送数据报文包，需调用 DatagramPacket 类，以如下形式的构造函数创建 DatagramPacket 对象，将要发送的数据和报文目的地址信息放入。“DatagramPacket(byte bufferedarray[], int length, InetAddress address, int port);”即构造一个包长度为 length、传送到指定主机指定端口号上的数据报文包，参数 length 必须小于等于 bufferedarry.length。

DatagramPacket 类提供了四个类获取信息：

public byte[] getData() //返回一个字节数组，包含收到或要发送的数据包中的数据。

public int getLength() //返回发送或接收到的数据的长度。

public InetAddress getAddress() //返回一个发送或接收此数据报文包的机器的 IP 地址。

public int getPort() //返回发送或接收数据报的远程主机的端口号。

(3) 创建 DatagramSocket 和 DatagramPacket 对象后，就可以发送数据报文包了。发送通过调用 DatagramSocket 对象的 send 方法实现，它需要以 DatagramPacket 对象为参数，将刚才封装进 DatagramPacket 对象的数据组成数据包发出。

(4) 为了接收从服务器返回的结果数据报文包，需要创建一个新的 DatagramPacket 对象，这就需要用到 DatagramPacket 的另一种构造方式：DatagramPacket(byte bufferedarray[], int length)，它只需指明存放接收的数据包的缓冲区和长度。调用 DatagramSocket 对象的 receive()方法完成接收数据报的工作，此时需要将 DatagramPacket 对象作为参数，该方法会一直阻塞直到收到一个数据报文包，DatagramPacket 缓冲区中是接收到的数据。数据报文包中也包含发送者的 IP 地址、发送者机器上的端口号等信息。

(5) 处理接收缓冲区内的数据，获取服务结果。

(6) 当通信完成后，使用 DatagramSocket 对象的 close()方法关闭数据报通信 Socket。当然，Java 会自动关闭 Socket，释放 DatagramSocket 和 DatagramPacket 所占用的资源，但是作为一种良好的编程习惯，应显式地予以关闭。

8.5.3 实例:利用数据报通信的C/S程序

【程序8.5】

```
import java.net.*;
import java.io.*;
public class UDPServer
{
    static public void main(String args[])
    {
    try {
    DatagramSocket receiveSocket=new DatagramSocket(5000);
    byte buf[]=new byte[1000];
    DatagramPacket receivePacket=new DatagramPacket(buf, buf.length);
    System.out.println("startinig to receive packet");
    while (true)
    {
        receiveSocket.receive(receivePacket);
        String name=receivePacket.getAddress().toString();
        System.out.println("\n来自主机:"+name+"\n端口:"
                            +receivePacket.getPort());
        String s=new
String(receivePacket.getData(),0,receivePacket.getLength());
      System.out.println("the received data:"+s);
    }
    }
    catch (SocketException e) {
          e.printStackTrace();
    System.exit(1);
    }
    catch(IOException e) {
    System.out.println("网络通信出现错误,问题在"+e.toString());
    }
    }
}
```

第8行和第10行分别实例化了一个DatagramSocket对象receiveSocket和一个DatagramPacket对象receivePacket,这是通过调用各自的构造函数实现的。在while无限循环中,receiveSocket套接字始终尝试receive()方法接收DatagramPacket数据包,当接收到数据包后,就调用DatagramPacket的成员方法显示数据包的信息。在程序中还调用getAddress()获得地址,调用getPort()获得客户端套接字的端口,调用getData()获得客户端传输的数据。注意:getData()返回的是字节数组,要把它转换为字符串显示。在第22～28行对程序中发生的SocketException和IOException异常进行了处理。

【程序8.6】UDP客户端程序

```
import java. net. * ;
import java. io. * ;
public class UDPClient
{
    public static void main(String args[])
    {
    try {
        DatagramSocket sendSocket=new DatagramSocket(3456);
        String string="asfdfdfggf";
        byte[] databyte=new byte[100];
        databyte=string. getBytes();
        DatagramPacketsendPacket=new DatagramPacket(databyte, string. length
        (), InetAddress. getByName("163. 121. 139. 20"), 5000);
        sendSocket. send(sendPacket);
        System. out. println("send the data: hello ! this is the client");
            }
            catch (SocketException e) {
        System. out. println("不能打开数据报Socket,或数据报Socket无法与指定
            端口连接!");
    }
            catch(IOException ioe) {
        System. out. println("网络通信出现错误,问题在"+ioe. toString());
    }
    }
}
```

第8行用DatagramSocket构造函数实例化发送数据的套接字sendSocket。第13～14行实例化DatagramPacket,其中数据包的目的地址是163. 121. 139. 20,端口是5000。当构造完数据包后,就调用send()方法将数据包发送出去。

8.5.4 组播套接字

在Java中,可以用java. net. MulticastSocket类组播数据。组播套接字是Datagram-Socket的子类,定义如下:

public class MulticastSocket extends DatagramSocket;

构造方法有两个:

(1) public MulticastSocket () throws SocketException;

(2) public MulticastSocket (int port) throws SocketException;

第一个方法没有端口号，第二个指定了端口号。

常用方法如下：

① public void joinGroup(InetAddress address) throws IOException

建立 MulticastSocket 对象后，为了发送或者接收组播包，必须用 joinGroup 方法加入一个组播组。若加入的不是组播地址将触发 IOException 异常。

② public void leaveGroup(InetAddress address)throws IOException

如果不想接收组播包，需调用 leaveGroup 方法。程序发送信息到组播路由器，通知它向此用户发送数据。若想离开的地址不是组播地址将触发 IOException 异常。

③ public void send(DatagramPacket packet, byte, ttl) throws IOExceptin

发送组播包的方法与 DatagramSocket 的相似。其中 ttl 是生存时间，大小在0～255之间。

④ public void receive(DatagramPacket p)

接收组播包的方法与 DatagramSocket 的没有差别。

⑤ public void setTimeToLive(int ttl)throws IOException

设置套接字发送的组播包中的 ttl 的默认数值。

⑥ public int getTimeToLive() throws IOException

返回 ttl 的数值。

使用组播套接字发送数据的过程是：首先用 MulticastSocket()构造器创建 MulticastSocket 类，然后利用 MulticastSocket 类的 joinGroup()方法加入一个组播组，再创建 DatagramPacket 数据包，最后调用 MulticastSocket 类的 send()方法发送组播包。

实训八　Java 网络编程

一、实训目的

1. 熟悉编译环境的使用。

2. 掌握 Java 网络编程的基础知识和客户机/服务器模式的程序设计方法。

3. 了解 Java 中相关类及其基本属性和方法以及如何在网络编程中实现对信息的读取、发送，如何利用流实现信息的交换。

二、实训内容

1. 系统功能分析

2. 系统结构与设计流程

(1) 聊天系统的系统结构

Client/Server 体系结构

(2) 信息流设计

- 客户机端向服务器端传递的主要消息
- 服务器端向客户机端传递的主要消息

(3) 聊天系统的设计流程

- 服务器端程序的设计流程
- 客户机端程序的设计流程

3. 系统图形界面的实现

- 服务器端图形界面的实现
- 客户机端图形界面的实现

4. 服务器端程序的实现

- 建立连接以及监听客户机端程序
- 服务器端读取并发送信息程序
- 异常处理以及断开连接程序

5. 客户端程序的实现

- 建立连接程序
- 客户机端读取并发送信息程序
- 输入聊天信息处理程序
- 异常处理及断开连接程序

习　题

1. Java 中用于无连接的数据报通信的类有两个，分别是＿＿＿＿＿＿和＿＿＿＿＿＿。
2. 一个 URL 地址一般由四个部分组成，包括＿＿＿＿、＿＿＿＿、＿＿＿＿和＿＿＿＿。
3. TCP/IP 有哪两种传输协议？各有什么特点？
4. 什么叫套接字(Socket)？
5. 阅读程序，完成所缺内容。

客户端程序：

```
import java.io.*;
import java.net.*;
public class TalkClient
{
    public static void main(String args[])
    {
        try{
        ________________________
            //向本机的 4700 端口发出客户请求
        ____________________________
            //由系统标准输入设备构造 BufferedReader 对象
        ________________________________
            //由 Socket 对象得到输出流，并构造 PrintWriter 对象
                BufferedReader is=new BufferedReader(new InputStreamReader(socket.get-
                InputStream()));
            //由 Socket 对象得到输入流，并构造相应的 BufferedReader 对象
            String readline;
            readline=sin.readLine(); //从系统标准输入读入一串字符串
            while(! readline.equals("bye"))
            {
            //若从标准输入读入的字符串为"bye"则停止循环
                os.println(readline);
                //将从系统标准输入读入的字符串输出到 Server
                os.flush();
                //刷新输出流，使 Server 马上收到该字符串
                System.out.println("Client:"+readline);
                //在系统标准输出上打印读入的字符串
                System.out.println("Server:"+is.readLine());
                //从 Server 读入一串字符串，并打印到标准输出上
                readline=sin.readLine(); //从系统标准输入读入一串字符串
                } //继续循环
                os.close(); //关闭 Socket 输出流
                is.close(); //关闭 Socket 输入流
                socket.close(); //关闭 Socket
    }
```

```
    catch(Exception e)
    {
        System.out.println("Error"+e); //出错，则打印出错信息
    }
    }
}
```

服务器端程序

```
import java.io.*;
import java.net.*;
import java.applet.Applet;
public class TalkServer
{
    public static void main(String args[])
    {
        try{
        ServerSocket server=null;
            try{
            ______________________________
                //创建 ServerSocket，在端口 4700 监听客户请求
            }
            catch(Exception e)
            {
                System.out.println("can not listen to:"+e);
                //出错，打印出错信息
            }
                Socket socket=null;
                try{
                    ______________________________
                    //使用 accept()阻塞等待客户请求，有客户请求到来则产生一个 Socket 对象，
                      并继续执行
                }catch(Exception e) {
                    System.out.println("Error."+e);
                    //出错，打印出错信息
                }
                String line;
                ______________________________
                //由 Socket 对象得到输入流，并构造相应的 BufferedReader 对象
                ______________________________
                //由 Socket 对象得到输出流，并构造 PrintWriter 对象
                ______________________________
                //由系统标准输入设备构造 BufferedReader 对象
                System.out.println("Client:"+is.readLine());
                //在标准输出上打印从客户机端读入的字符串
```

```
        line=sin.readLine();
        //从标准输入读入一串字符串
        while(!line.equals("bye")){
        //如果该字符串为"bye",则停止循环
            os.println(line);
            //向客户机端输出该字符串
            os.flush();
            //刷新输出流,使 Client 马上收到该字符串
            System.out.println("Server:"+line);
            //在系统标准输出上打印读入的字符串
            System.out.println("Client:"+is.readLine());
            //从 Client 读入一串字符串,并打印到标准输出上
            line=sin.readLine();
            //从系统标准输入读入一串字符串
        }  //继续循环
        os.close(); //关闭 Socket 输出流
        is.close(); //关闭 Socket 输入流
        socket.close(); //关闭 Socket
        server.close(); //关闭 ServerSocket
    }catch(Exception e){
    System.out.println("Error:"+e);
        //出错,打印出错信息
    }
  }
}
```

第 9 章　JDBC 编程技术

9.1　JDBC 概述

9.1.1　JDBC 的概念

数据库是收集、存储和组织数据常用的方法，大部分应用系统不可避免地需要访问数据库。由于数据库产品纷繁复杂，在一个公司甚至一个部门经常会出现多种数据库系统并存的情况。Java 语言通过数据库连接(Java DataBase Connection, Java, JDBC)API 提供了一个标准结构化查询语言(Structured Query Language, SQL)数据库访问接口。由于目前几乎所有的关系数据库产品都支持 SQL 语言，因此开发人员能够用相同的方法将 SQL 语句发送到不同的数据库系统，访问各种数据库系统。

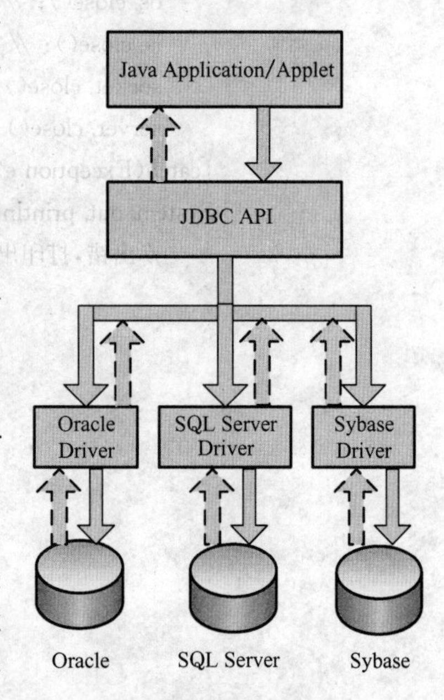

图 9.1　JDBC 结构

JDBC 与数据库系统独立的 API 包含两部分，一部分是面向应用系统开发人员的 JDBC API，另一部分是面向驱动程序开发人员的 JDBC Driver API(见图 9.1)。应用程序通过 JDBC API 访问 JDBC 驱动程序管理器(Driver Manager)，驱动程序管理器通过 JDBC Driver API 访问不同的JDBC 驱动程序，从而实现对不同类型数据库的访问。

JDBC 提供了一个通用的 JDBC Driver Manager，用来管理各数据库软件商提供的 JDBC 驱动程序，从而访问其数据库。现在越来越多的数据库厂商都开始提供其数据库产品的 JDBC 驱动程序，包括微软公司的 SQL Server 2000。不过微软提供的驱动程序在 Java Applet 中使用时需要客户端修改策略文件，改变 Java Applet 缺省的安全性限制，用来开发在 Internet 上发布的 Applet 并不好。

9.1.2　JDBC URL

JDBC URL 是 JDBC 用来标识数据库的方法，JDBC 驱动程序管理器根据 JDBC URL 选择正确的驱动程序，由驱动程序识别该数据库并与之建立连接。JDBC 提供某些约定，驱动程序设计人员按照约定构造 JDBC URL，用户无须关心如何形成 JDBC URL，只需使用与驱动程序一起提供的 URL 即可。

JDBC URL 的约定应非常灵活,可以与各种不同类型的数据库驱动程序一起使用,并允许不同的驱动程序使用不同的方案来命名数据库,允许将连接数据库所需的全部信息编入其中。JDBC URL 的标准语法由三部分组成,各部分间用冒号分隔,形式如下:

jdbc:<子协议>:<子名称>

jdbc:协议名。JDBC URL 中的协议总是 jdbc。

<子协议>:驱动程序名或数据库连接机制(这种机制可由一个或多个驱动程序支持)的名称。例如,"odbc"用于指定 ODBC 数据源名称的 URL 使用。

<子名称>:一种标识数据库的方法。子名称的格式依不同的子协议而变化,为定位数据库提供足够的信息。例如 ODBC 子协议只需数据源名;而远程服务器上的数据库往往需要更多的信息。例如,通过 Internet 访问 SQL Server 数据库服务器,则在 JDBC URL 中应将网络地址作为子名称的一部分:

jdbc:microsoft:sqlserver://localhost:1433; User=sa; Password=; DatabaseName=DemoDB

9.1.3 JDBC-ODBC 桥

开放数据库互连(Open Database Connectivity, ODBC)是微软公司开放服务结构(Windows Open Services Architecture, WOSA)中有关数据库的一个组成部分。与 JDBC 类似,它建立了一组规范,并提供了一组标准 API 对数据库进行访问,利用 SQL 来完成其大部分任务。

ODBC 标准出现较早,目前几乎所有的数据库系统都提供 ODBC 驱动程序。Sun 公司对没有提供 ODBC 驱动程序的数据库系统,开发了特殊的驱动程序 JDBC-ODBC 桥,该驱动程序支持 JDBC 通过现有的 ODBC 驱动程序访问相应的数据库系统。

JDBC-ODBC 桥子协议名为 odbc,允许在子名称(数据源名称)后面指定任意多个属性值。其完整语法为:

jdbc:odbc:<数据资源名称>[;<属性名>=<属性值>]*

这里 * 表示可有多个属性。下面都是合法的 jdbc:odbc 名称:

jdbc:odbc:qeora

jdbc:odbc:wombat

jdbc:odbc:wombat; CacheSize=20; ExtensionCase=LOWER

jdbc:odbc:qeora; UID=kgh; PWD=fooey

9.2 使用 JDBC 开发数据库的应用

9.2.1 应用举例

【程序 9.1】是一个采用 JDBC-ODBC 访问本地 Access 数据库的 Java 应用程序,演示了使用 JDBC 开发数据库应用的基本步骤。该程序连接到指定的数据源,然后检索表 table1 中的所有记录并输出。

运行【程序 9.1】,首先使用 Access 创建一个数据库,该数据库包含一个表 table1;然后建立一个数据源 AccessDB,连接到该数据库。

【程序 9.1】采用 JDBC-ODBC 访问本地 Access 数据库。

```
import java. sql. * ;
public class JDBCDemo
{
static public void main(String args[])
{
    JDBCDemo obj=new JDBCDemo();
    obj. AccessDB();
}

Connection theConnection;                //数据库连接
Statement theStatement;                  //发送到数据库的 SQL 命令
ResultSet theResult;                     //读取的数据
ResultSetMetaData theMetaData;           //数据库命令执行后,返回结果的信息包
                                           含了被访问数据库或者数据源的名称,
                                           用 URL 形式表示
String theDataSource;
String theUser;                          //数据库的用户名
String thePassword;                      //数据库的密码

public void AccessDB()
{
    openConnection();                    //打开数据库连接
    execSQLCommand("select * from table1"); //从数据库中读取内容
    closeConnection();                   //关闭已经打开的数据库
}

public void openConnection()
{
    theDataSource="jdbc:odbc:AccessDB";
    theUser="";
    thePassword="";
    try{
        //装载 JDBC-ODBC 驱动程序
        Class. forName("sun. jdbc. odbc. JdbcOdbcDriver");
         theConnection = DriverManager. getConnection(theDataSource, theUser,
         thePassword);
        System. out. println("Connect:OK");
    }catch (Exception e){
```

```
            handleException(e);
        }
    }

    public void execSQLCommand(String command)
    {
        try{
            theStatement=theConnection.createStatement();
            theResult=theStatement.executeQuery(command);
            theMetaData=theResult.getMetaData();
            int columnCount=theMetaData.getColumnCount();
            System.out.println("Column Count:"+columnCount);
            while(theResult.next()){
                for(int i=1; i<=columnCount; i++){
                    String colValue=theResult.getString(i);
                    if(colValue==null)colValue="";
                    System.out.print(colValue+";");
                }
                System.out.println();
            }
        }catch(Exception e){
            handleException(e);
        }
    }

    public void closeConnection()
    {
        try{
            theConnection.close();
        }catch(Exception e){
            handleException(e);
        }
    }

    public void handleException(Exception e)
    {
        System.out.println(e.getMessage());
        e.printStackTrace();
        if(e instanceof SQLException){
```

```
            while((e=((SQLException)e).getNextException())! =null){
                System.out.println(e);
            }
        }
    }
}
```

9.2.2 一般步骤

一般来讲,使用 JDBC 开发数据库应用可分为下面几个步骤:

- 装载驱动程序
- 建立与数据库的连接
- 发送 SQL 语句
- 处理结果
- 关闭数据库连接

下面结合【程序 9.1】具体介绍每个步骤的实现方法。

1) 装载驱动程序

装载驱动程序只需要一行代码。例如,装载 JDBC-ODBC 桥驱动程序,可以用下列代码:

Class.forName("sun.jdbc.odbc.JdbcOdbcDriver");

JdbcOdbcDriver 为 JDBC-ODBC 桥驱动程序的类名,sun.jdbc.odbc 为该类所在的包。加载驱动程序类后,即可用来与数据库建立连接。

2) 建立连接

使用 DriverManager 类提供的静态方法 getConnection 与数据库建立连接。例如,【程序 9.1】中的语句:

theConnection=DriverManager.getConnection(theDataSource, theUser, thePassword);

theConnection 为 Connection 接口的对象,该接口与 DriverManager 等类均在java.sql 包中,因此,大多数数据库应用程序首先要引入 java.sql 包,方法如下:

import java.sql.*;

getConnection 为 DriverManager 类的静态方法,常用形式为:

public static Connection getConnection(String url, String user, String password) throws SQLException

参数 url 为 JDBC URL 指明要连接的数据库;参数 user 和 password 为数据库的用户名和口令。有些数据库驱动程序允许在 URL 中指定用户名和口令等参数,则无需这两个参数,方法修改成下面的形式:

public static Connection getConnection(String url) throws SQLException

DriverManager.getConnection 方法返回一个打开的连接。可以使用此连接创建 JDBC Statement 对象并发送 SQL 语句到数据库。

3) 发送 SQL 语句

建立连接后,就可以向数据库传送 SQL 语句了。JDBC 提供了 Statement 接口,用于向数据库发送 SQL 语句。可以使用 Connection 接口中的方法 createStatement 创建 Statement 对象,发送简单的 SQL 语句。【程序 9.1】中采用下面的语句创建了一个 Statement 类型的对象:

theStatement=theConnection. createStatement();

然后调用 Statement 接口的 executeQuery 方法即可向数据库传递 SQL 查询(select)语句。executeQuery 方法的形式如下:

public ResultSet executeQuery(String? sql) throws SQLException

例如,【程序 9.1】中的语句:

theResult=theStatement. executeQuery(command);

Statement 接口还定义了其他一些方法用于执行不同类型的 SQL 语句,例如:

public int executeUpdate(String sql) throws SQLException

该方法用于执行 insert、update、delete 等无需返回结果的 SQL 语句。

4) 处理结果

SQL 查询语句返回从数据库中检索到的符合条件的记录,Java 程序可以通过 Statement 接口的 executeQuery 方法返回结果集(ResultSet)接口类型的对象,获取并处理该结果。

【程序 9.1】在执行 SQL 查询语句后,紧接着调用 ResultSet 类型对象的 getMetaData 方法,该方法返回一个 ResultSetMetaData 类型的值。通过 ResultSetMetaData 对象,可以获得很多有用的数据。【程序 9.1】调用 getColumnCount 方法获得结果表中列的数量。最后,调用 theResult 的 next()方法遍历结果集中的每一条记录,直到遍历完全部记录返回 flase 为止。

【程序 9.1】调用结果集 theResultSet 的 getString 方法来获取当前记录指定列的数据:

String colValue=theResult. getString(i);

这里 i 为列号,从 1 开始计数。实际上,大部分时候访问结果集中某一列会根据数据库中表的字段名来进行访问,这时可以使用 getString 的另一种形式:

public String getString(String columnName) throws SQLException

参数 columnName 为字段名。

5) 关闭数据库连接

访问完某个数据库后,应该关闭数据库连接,释放与连接有关的资源。由于用户创建的任何打开的 ResultSet 或者 Statement 对象将自动关闭,因此关闭连接只需调用 Connection 接口的 close 方法即可,例如,【程序 9.1】中的语句

theConnection. close ();

即完成该功能。

大部分与 JDBC 相关的方法都会抛出 SQLException 类型的异常,在编程时应注意捕捉该类异常。

9.2.3 JDBC 相关类介绍

前面介绍了使用 JDBC 访问数据库的一般步骤,下面对其中涉及到的一些类和接口再作一个简单的介绍。

1) DriverManager 类

DriverManager 类是 JDBC 的管理层，作用于用户和驱动程序之间。它跟踪可用的驱动程序，并在数据库和相应驱动程序之间建立连接。另外，DriverManager 类也处理诸如驱动程序登录时间限制及登录和跟踪消息的显示等事务。

对于简单的应用程序，程序员仅需直接使用该类的方法 getConnection 建立与数据库的连接。JDBC 允许用户调用 DriverManager 的方法 getDriver、getDrivers 和 registerDriver 及 Driver 的方法 connect，但多数情况下，最后让 DriverManager 类管理建立连接的细节。Driver 为 jdbc 定义一个接口，每一个 JDBC 驱动程序都需要实现这个接口。

一般情况下不需直接调用 registerDriver，加载驱动程序时驱动程序会自动调用。加载驱动程序有两种：

(1) 调用方法 Class. forName 显式地加载驱动程序类。这种方法与外部设置无关，因此推荐使用。例如，下面的语句加载了微软 SQL Server2000 的 JDBC 驱动程序：

Class. forName("con. microsoft. jdbc. sqlserver. SQLServerDriver")；

(2) 将驱动程序添加到 java. lang. System 的属性 jdbc. drivers 中，这是一个由 DriverManager 类加载的驱动程序类名的列表，用冒号分隔。初始化 DriverManager 类时，它搜索系统属性 jdbc. drivers，DriverManager 类，试图加载该属性指定的驱动程序。程序员可在 Java 虚拟机的配置文件中设置系统属性 jdbc. drivers。这种方法很少使用，本书不详细介绍。

DriverManager 类常用的方法有：

- static void deregisterDriver(Driver? driver)
  从驱动程序列表中删除已登记的驱动程序。
- static ConnectiongetConnection(String url)
- static ConnectiongetConnection(String url, Properties info)
- static ConnectiongetConnection(String url, String user, String password)
  建立与数据库的连接。
- static Driver getDriver(String url)
  根据 JDBC URL 获得对应的驱动程序。
- static Enumeration getDrivers()
  获取当前已装载的 JDBC 驱动程序列表。
- static int getLoginTimeout()
- static void setLoginTimeout(int seconds)
  获得或设置连接数据库时驱动程序可以等待的最大时间。
- static PrintWritergetLogWriter()
- static voidsetLogWriter(PrintWriter out)
  获得或设置写日志的 PrintWriter 对象。
- static voidprintln(String message)
  输出信息到当前 JDBC 日志流。
- static voidregisterDriver(Driver driver)
  登记给定的 JDBC 驱动程序。

DriverManager 类的静态方法 getConnection 用于与数据库建立连接,返回一个 Connection 接口类型的对象,表示 JDBC 驱动程序与数据库的连接。具体做法是:getConnection 方法遍历驱动程序清单,将 URL 及参数传递给驱动程序类的 connect 方法,如果驱动程序支持该 URL 指定的子协议和子名称,则连接数据库并返回 Connection 对象。

2) Statement 接口及其子接口

向数据库发送 SQL 语句的任务是由 Statement 对象完成的。Connection 对象可以创建三种类型的 Statement 对象,它们分别是:

(1) Statement:用于执行不带参数的简单 SQL 语句。

(2) PreparedStatement:用于执行预编译的 SQL 语句,并允许在 SQL 语句中使用 IN 参数。

(3) Callablestatement:用于执行数据库存储过程的调用。它允许使用 IN、OUT、IN-OUT 三种类型的参数。

这三个接口的关系如图 9.2 所示。

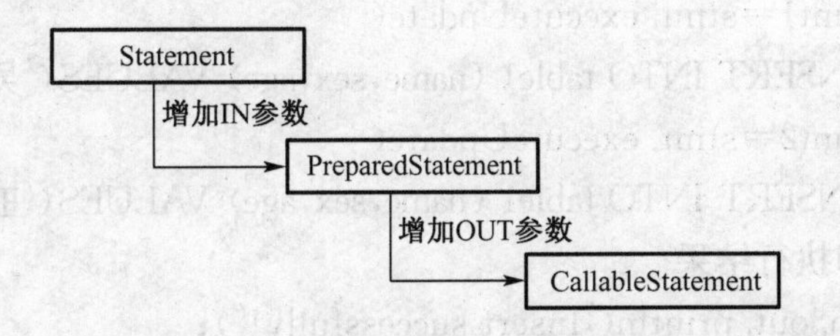

图 9.2　Statement 之间的继承关系

Statement 对象用于执行静态 SQL 语句(即不带参数的 SQL 语句)并获取处理结果。创建一个 Statement 对象只需调用 Connection 的方法 createStatement。一般形式如下:

```
Connection con=DriverManager.getConnection(URL,"USER","password");
Statement stmt=con.createStatement();
```

创建 Statement 对象后,可调用其中的方法执行 SQL 语句。JDBC 中提供了三种执行方法:execute、executeQuery、executeUpdate,下面分别介绍。

(1) executeUpdate 方法

executeUpdate 方法的形式为:

```
public int executeUpdate(String sql) throw SQLException
```

一般用于执行 SQL 的 INSERT、UPDATE 或 DELETE 语句,或者执行无返回值的 SQL DDL 语句(即 SQL 数据定义语言),如 CREATE 或 DROP 等。

当执行 INSERT 等 SQL 语句时,此方法的返回值是这个 SQL 语句所影响的记录的总行数;若返回值为 0,则表示执行未对数据库造成影响。若执行的语句是 SQL DDL 语句,返回值也是 0。

(2) executeQuery 方法

executeQuery 方法的形式为:

```
public ResultSet executeQuery(String sql)throw SQLExecption
```

一般用于执行 SQL 的 SELECT 语句。它的返回值是执行 SQL 语句后产生的结果集,是一个 ResultSet 类型的对象。可以利用 ResultSet 中的方法查看结果。

【程序 9.2】使用 executeUpdate 执行 SQL 语句，向 table1 插入两条记录。

```
public class InsertRec{
public static void main(String args[])
{
    String url="jdbc:odbc:AccessDB";
    try{
        //加载 jdbc-odbc bridge 驱动程序
        Class.forName("sun.jdbc.odbc.JdbcOdbcDriver");
        //与驱动器建立连接
        Connection con=DriverManager.getConnection(url);
        //创建一个 Statement 对象
        Statement stmt=con.createStatement();
        //执行 SQL 语句
        int count1=stmt.executeUpdate(
            "INSERT INTO table1 (name,sex,age) VALUES('吴化龙','男',30)");
        int count2=stmt.executeUpdate(
            "INSERT INTO table1 (name,sex,age) VALUES('王一飞','男',28)");
        //打印执行结果
        System.out.println("Insert successfully!");
        System.out.println("Updated rows is"+(count1+count2)+".");
        //关闭连接
        stmt.close();
        con.close();
    }catch(Exception ex){
        //打印异常信息
        System.out.println(ex.getMessage());
    }
}
}
```

(3) execute 方法

execute 方法的形式为：

public boolean execute(String sql) throw SQLException

这个方法比较特殊，一般只有在用户不知道执行 SQL 语句后会产生什么结果或可能有多种类型的结果产生时才使用。例如，执行一组既包含 DELETE 语句又包含了 SELECT 语句的 SQL 命令，执行后既产生了一个 ResultSet，又影响了相关记录，有两种类型的结果产生，因此必须用方法 excute()以获取完整的结果。execute()的执行结果允许多个 ResultSet 产生，或多条记录被影响，或两者都有。

由于执行结果的特殊性，所以对调用 execute 产生结果的查询也有特定方法。execute 方法本身的返回值是一个布尔值，当第一个结果为 ResultSet 时它返回 true，否则返回

false。Statement 接口定义了 getResultSet、getUpdateCount、getMoreResult 等方法来查询执行 execute()的结果。

• public ResultSet getResultSet() throws SQLException

若当前结果是 ResultSet,则返回一个 ResultSet 的实例,否则返回 null。对每个结果而言,此方法只可调用一次,即每个结果只可被获取一次。

• public int getUpdateCount() throws SQLException

若当前结果是对某些记录作了修改,则返回总共修改的行数,否则返回－1。同样,每个结果只能调用一次这个方法。

• public boolean getMoreResults() throw SQLException

此方法将当前结果置成下一个结果,当下一个结果是 ResultSet 时返回 true,否则返回 false。

PreparedStatement 接口由 Statement 接口派生而来,有两大特点:

(1) PreparedStatement 对象中包含的 SQL 语句是预编译的,当需要多次执行同一条 SQL 语句时,利用 PreparedStatement 传送这条 SQL 语句可以大大提高执行效率。

(2) PreparedStatement 对象所包含的 SQL 语句中允许有一个或多个 IN(输入)参数。

创建 PreparedStatement 对象时,IN 参数用"?"代替;在执行带参数的 SQL 语句前,必须对"?"进行赋值。PreparedStatement 定义了很多方法,可对 IN 参数赋值。

创建 PreparedStatement 类对象只需在建立连接后调用 Connection 中的 prepareStatement 方法:

public PreparedStatement prepareStatement(String sql) throws SQLException

例如下面的语句创建了一个 PreparedStatement 对象,其中包含一条带参数的 SQL 声明:

```
PreparedStatement pstmt=con.prepareStatement("
                                INSERT INTO testTable(id,name) VALUES(?,?)");
```

为 IN 参数赋值可以使用 PreparedStatement 中定义的形如 setXXX 的方法来完成,应根据 IN 参数的 SQL 类型选用合适的 setXXX 方法。例如对上面的 SQL 语句,若需将第一个参数设为 3,第二个参数设为 XU,即插入记录 id=3, name="XU",可用下面的语句实现:

```
pstmt.setInt(1, 3);
pstmt.setString(2, "XU");
```

除了 setInt、setLong、setString、setBoolean、setShort、setByte 等常见的方法外,PreparedStatement 还提供了几种特殊的 setXXX 方法:

• public void setNull(int ParameterIndex, int sqlType) throws SQLException

这个方法将参数值赋为 Null。sqlType 是在 java.sql.Types 中定义的 SQL 类型号。例如语句:

```
pstmt.setNull(1, java.sql.Types.INTEGER);
```

将第一个 IN 参数的值赋成 Null。

• public void setTime(int parameterIndex, Time x) throws SQLException

当参数为时间类型时使用该方法,例如 SQL Server 中的 DATE 类型字段。

- public void setUnicodeStream(int Index, InputStream x, int length)
  throws SQLException
- public void setBinaryStream(int Index, inputStream x, int length)
  throws SQLException
- public void setAsciiStream(int Index, inputStream x, int length)
  throws SQLException

当参数的数据量很大时(例如将图像文件的内容存放到数据库中),将参数值放在输入流 x 中,再通过调用上述三种方法对其赋于特定的参数,参数 length 表示输入流中数据长度。

【程序 9.3】给出了使用 PreparedStatement 的例子。

【程序 9.3】 使用 PreparedStatement 的例子。

```
import java.net.URL;
import java.sql.*;

public class InsertRec2{
public static void main(String args[])
{
    String url="jdbc:odbc:AccessDB";
    String data[][]={{"王俊仁","男","27"},{"田小二","女","25"}};
    try{
        //Class.forName("con.ms.jdbc.odbc.JdbcOdbcDriver");    //Visual J++
        Class.forName("sun.jdbc.odbc.JdbcOdbcDriver");
        Connection con=DriverManager.getConnection(url);
        //创建 ParepareStatement 对象
        PreparedStatement pstmt=con.prepareStatement(
            "INSERT INTO table1 (name,sex,age) VALUES(?,?,?)");
        //参数赋值,执行 SQL 语句
        for (int i=0;i<data.length;i++){
            pstmt.setString(1,data[i][0]);
            pstmt.setString(2,data[i][1]);
            pstmt.setInt(3,Integer.parseInt(data[i][2]));
            pstmt.executeUpdate();
        }
        System.out.println("Insert successfully!");
        //关闭连接
        pstmt.close();
        con.close();
    }catch(Exception ex){
        System.out.println(ex.getMessage());
```

```
        }
    }
}
```

CallableStatement 接口为 JDBC 程序调用数据库的存储过程提供了一种标准方式，它允许调用的存储过程带有 IN 参数、OUT(输出)参数或 INOUT 参数。CallableStatement 除了继承了 PreparedStatement 中的方法外，还增加了处理 OUT 参数的方法。

CallableStatement 对象可调用 Connection 中的 prepareCall 方法创建，该方法的形式为：

```
public CallableStatement prepareCall(String sql) throws SQLException
```

创建 CallableStatement 对象主要用于执行存储过程，在使用前应了解使用的数据库系统是否支持存储过程。目前大多数数据库服务器的商业产品支持存储过程，如微软的 SQL Server，但 Linux 系统下影响较大的 mysql 数据库服务器不支持存储过程。存储过程的使用比较复杂，本书就不详细介绍了。

3) ResultSet 接口

结果集 ResultSet 是执行 SQL 查询语句后产生的结果集合的抽象接口类。它的对象一般由 Statement 类及其子类通过方法 execute 或 executeQuery 执行 SQL 查询语句后产生。

ResultSet 的通常形式类似于数据库中的表，包含有符合查询要求的所有行。由于一个结果集可能包含有多行数据，为读取方便，使用游标(cursor)来标记当前行，游标的初始位置指向第一行之前。

ResultSet 接口定义了 next 方法来移动游标，每调用一次 next 方法，游标下移一行：

```
public boolean next()
```

游标指向最后一行时，再调用 next 方法，返回值为 false，表明结果集已处理完毕。通常处理结果集的程序段采用下面的结构：

```
while(rs.next()){
... //处理每一个结果行
}
```

【程序 9.1】就是采用这种方法的。要注意的是，结果集的第一条记录在第一次调用 next 方法后才能访问。

结果集的游标指向要访问的记录后，可以通过 ResultSet 接口定义的一系列 getXXX 方法从当前行获得指定字段的值。例如：

```
rs.getInt("id");
rs.getString("name");
```

也可以等价地用列的序号执行：

```
rs.getInt(1);
rs.getString(2);
```

这里 id 为结果集第一列的字段名，name 为第二列的字段名。列序号从左至右编号，以序号 1 开始。

对应 get 方法指定的类型，JDBC Driver 总是试图将数据库实际定义的数据类型转换为适当的 Java 定义的类型。

ResultSet 常用的方法还有：

- public int findColumn(String Columnname)

该方法根据指定的字段名找出对应的列序号。

- public boolean wasNull()

该方法检查最新读入的一个列值是否为 SQL 的空(Null)类型值。

- public void close()

该方法关闭结果集。大部分时候结果集无需显式关闭，因为当产生结果集的 Statement 对象关闭或再次执行 SQL 语句时将自动关闭相应的结果集；当读取多个结果集中的下一结果集时，前一个结果集也将自动关闭。

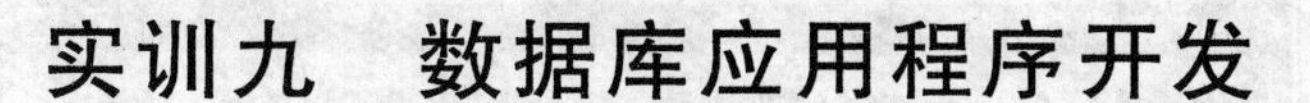

实训九　数据库应用程序开发

一、实训目的

1. 理解 JDBC 的基本结构。
2. 掌握 JDBC 驱动程序的加载方法和 JDBC-ODBC 桥 URL 的形式。
3. 掌握使用 JDBC 连接数据库的步骤。
4. 掌握使用 JDBC 发送 SQL 语句的基本步骤。
5. 掌握使用 JDBC 处理 SQL 查询结果集的方法。

二、实训内容

1. 数据库的建立。

使用 Access 97 或 Access 2000 建立一个 Access 数据库文件。

2. ODBC 数据源的创建。

下面为在 Windows 98 下的操作步骤：

(1) 打开 Windows 控制面板，鼠标双击 ODBC 数据源图标，如图 9.3 所示。如果使用 Windows XP，在控制面板中打开管理工具，即可找到 ODBC 数据源图标。

图 9.3　Windows 98 控制面板

(2) 单击数据源管理器中的"添加"按钮,如图 9.4 所示。

图 9.4 ODBC 数据源管理器

(3) 在创建新数据源对话框中选择"Microsfot Access Driver(*. mdb)",然后单击"完成"按钮,如图 9.5 所示。

图 9.5 选择 ODBC 驱动程序

(4) 在如图 9.6 所示的对话框中输入数据源名 demo,然后单击"选择"按钮,在出现的对话框中选择 1. 中创建的 Access 数据库文件。最后单击"确定"按钮,数据源名建立成功。

3. 编写 Java 应用程序,连接到已创建的数据库。创建一个表并插入若干行记录。

(1) 装载 JDBC-ODBC 桥驱动程序。

```
Class.forName("sun.jdbc.odbc.JdbcOdbcDriver");
```

(2) 连接数据源。

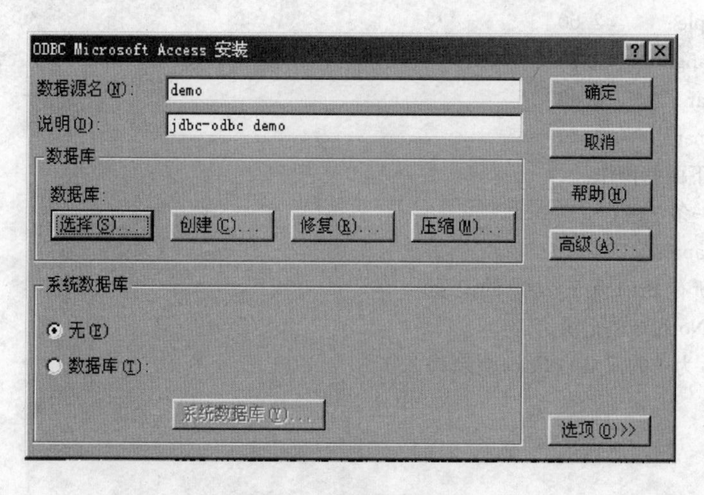

图 9.6　设置数据源名

```
Connection con=DriverManager.getConnection("jdbc:odbc:demo",
   Username, Password);
```

(3) 创建 Statement 对象，然后发送 SQL 语句。

```
Statement stmt=con.createStatement();
stmt.executeUpdate("CREATE TABLE JJJJData ("+
        "Entry       INTEGER         NOT NULL,"+
        "Customer    VARCHAR (20)    NOT NULL,"+
        "DOW         VARCHAR (3)     NOT NULL,"+
        "Cups        INTEGER         NOT NULL,"+
        "Type        VARCHAR (10)    NOT NULL,"+
        "PRIMARY KEY(Entry)"
   +")");
```

(4) 在表中插入记录。用下面的 SQL 语句进行操作：

```
INSERT INTO JJJJData VALUES (1, 'John', 'Mon', 1, 'JustJoe')
INSERT INTO JJJJData VALUES (2, 'JS', 'Mon', 1, 'Cappuccino')
INSERT INTO JJJJData VALUES (3, 'Marie', 'Mon', 2, 'CaffeMocha')
```

4. 编写 Java 应用程序，修改上面表中的数据，将第一条记录中的“Mon”修改为“Sun”；然后检索 Cups 字段为 1 的记录并输出。

习　题

1. JDBC 的主要功能是什么？它由哪些部分组成？JDBC 中驱动程序的主要功能是什么？简述在 Java 程序中使用 JDBC 完成数据库操作的基本步骤。
2. 创建执行一个 SQL 语句有几种方式？试举例说明。
3. 使用 JDBC 创建一个表，表中的字段及其记录如下所示：

No　　Name　　Price

1	apple	2.00
2	orange	3.20
3	pear	2.40
4	banana	1.50

然后完成下面的操作：

(1) 插入一条记录：

5 grape 3.20

(2) 检索所有 Price 大于 2.00 的记录。

(3) 删除 No 为 3 的记录。

(4) 将 No 为 4 的记录的 Price 更新为 2.00。